Wolfgang Armbrust   Gerd Ludwig

DIE GEHEIMNISSE DES KATZENLEBENS

Verblüffendes, Unbekanntes, Rätselhaftes
& Merkwürdiges aus dem Alltag der Hauskatze

RASCH UND RÖHRING VERLAG

Die Deutsche Bibliothek – CIP-Einheitsaufnahme

Armbrust, Wolfgang:
Die Geheimnisse des Katzenlebens:
Verblüffendes, Unbekanntes, Rätselhaftes & Merkwürdiges
aus dem Alltag der Hauskatze / Wolfgang Armbrust; Gerd Ludwig.–
Hamburg: Rasch und Röhring, 1996
ISBN 3-89136-573-X

Großer Burstah 42, 20457 Hamburg, Fax 040/37 13 89
Lektorat: Gabriele Schönig
Umschlaggestaltung: Peter Albers
Gestaltung und Satz: Jan Zander / Doris Künster
Druck- und Bindearbeiten: Paderborner Druck Centrum, Paderborn
Printed in Germany

Für Max (8),

den Sanften, Wissenden und Verstehenden, der dieses Buch gelesen und für gut befunden hat. Und hofft, daß es den Menschen helfen möge, ihr Wissen über und ihr Verständnis für Katzen zu mehren. Damit sie in sich Liebe und Sanftmut finden. Nicht nur der Katzen wegen.

DANKSAGUNG

Verlag und Autoren danken Herrn Prof. Dr. Harald Schliemann, Zoologisches Institut und Zoologisches Museum der Universität Hamburg, für die fachliche Beratung, sowie Frau Constanze Göggerle, Neuhausen, für wertvolle Anregungen und Praxistips.

INHALT

KATZEN, WIE SIE KEINER KENNT

Sie ist das beliebteste Heimtier. Nicht nur bei uns, sondern überall auf der Welt. Warum gerade die Katze? Dafür gibt es Gründe: Verläßlichkeit, Unbestechlichkeit, Wärme, Toleranz, Sensibilität. Aber auch all die, für die wir keine befriedigende Erklärung finden. Denn Katzen haben sich trotz der Nähe zum Menschen viel von ihrem ursprünglichen Wesen und ihrer Eigenständigkeit bewahrt. So sind sie nach wie vor die faszinierenden Unbekannten, deren Verhaltensweisen uns immer wieder verblüffen und neue Rätsel aufgeben. Erstaunlich genug, daß wir von einem Partner, der seit Jahrtausenden mit uns lebt, nicht längst alles über Lebensweise und Ansprüche wissen. Statt dessen halten wir hartnäckig fest an überkommenen Bildern und Zerrbildern, an liebgewordenen Urteilen und Vorurteilen über das, was Katzen sind oder für uns sein sollen. An keinem anderen Heimtier scheiden sich die Geister so sehr wie an der Hauskatze. Zwischen erklärten Katzenhassern und Katzennarren bleibt kaum Platz, um der Katze zu ihrem Recht zu verhelfen. Um sie so zu sehen, wie sie wirklich ist.

»Die Geheimnisse des Katzenlebens« sind der Versuch einer Näherung. Einer Annäherung an Eigenleben und Eigenarten der Hauskatze, an die unzähligen, nicht selten scheinbar widersprüchlichen Facetten ihres Verhaltens. In 21 Kapiteln skizzieren wir das andere, in vielen Aspekten neue Porträt einer unbekannten Bekannten. Fast immer anhand ungewöhnlicher, verblüffender Details und präziser Situationsbeschreibungen, die auch für den täglichen Umgang mit Katzen Bedeutung haben.

Katzen wissen um ihre Ausstrahlung und Persönlichkeit, sie bedürfen keiner gesonderten Liebeserklärung. Und doch sind die schwarzweißen Momentaufnahmen aus dem Leben der Katzen genau das: die einfühlsame und zärtliche Liebeserklärung an ein faszinierendes Wunderwesen. Die Katzen werden es uns nachsehen.

Kapitel 1

WAS MACHEN KATZEN EIGENTLICH NACHTS?

Um acht Uhr kommt die Tagesschau. Moritz ist immer pünktlich. »Was soll's?« sagen Sie. Eine Alltäglichkeit, über die man nun wirklich kein Wort verlieren muß. Muß man vielleicht aber doch. Denn Moritz ist eine Katze. Oder um ganz exakt zu sein: ein Kater. Ein Kater, dessen Abend- und Nachtprogramm mit den TV-Nachrichten vom Tage beginnt. Denn just dann findet sich Moritz regelmäßig und stets pünktlich vor dem Verandafenster des Nachbarn ein, um durch die Scheibe dem Neuesten aus aller Welt zu folgen.

Sind die termingenauen TV-Gelüste des Katers Moritz schon erstaunlich genug, klingt die Story seines amerikanischen Geschlechtsgenossen Willie fast wie ein Ammenmärchen. Würde sich nicht der Psychologe Dr. Gustav Eckstein, der Willies Gewohnheiten minutiös nachrecherchierte, für Wahrheitsgehalt und Zeitplan verbürgen: Pünktlich halb acht Uhr abends forderte Willie maunzend sein Nachtmahl in der Küche des Psychologischen Instituts von Cincinnati ein. Danach marschierte er zielstrebig übers Universitätsgelände zur Frauenklinik, um dort vom Fenster aus den Patientinnen beim Bingo-Spiel zuzuschauen. Das begann um acht Uhr und dauerte immer zwei Stunden. Seinem TV-Vetter Moritz hatte Willie jedoch eines voraus: Er kreuzte nicht nur zur festgelegten Tageszeit auf, sondern auch an einem ganz bestimmten Wochentag: Die Bingo-Partie stieg nämlich ausschließlich am Montagabend. Psychologe Eckstein: »Willie wußte haargenau, wann Montag ist. Er ließ nie auch nur einen einzigen Termin aus!«

Wer solchen Einzelbeobachtungen keinen Glauben schenken mag: Langzeituntersuchungen mit Nachtsichtgeräten und Radiohalsbändern an Freilandkatzen bestätigen das verblüffende Gespür der Tiere für Raum und Zeit. Vor allem während der Spät- und Nachtschicht haben Katzen ihren Terminplan fest im Kopf. Ebenso wie die Wege, auf denen sie regelmäßig das Revier sondieren. So müssen wir wohl oder übel eine liebgewordene Vorstellung von unseren eigenwilligen Schmusepartnern über Bord werfen: Hat sich was mit freiem Katzenleben! Aus der Traum vom ungebundenen und wilden Nachtleben, den wir so gerne und sicherlich nicht ganz frei von Neidgefühlen für unsere Katzen träumen. Katzen sind ausgemachte Bürokraten. Eingefahrene Gewohnheiten gehen ihnen über alles, jede Veränderung verunsichert sie und läßt sie mißtrauisch werden. Vom Verhaltenskontext und einer möglichst perfekten Anpassung an die Umwelt her gesehen absolut sinnvoll.

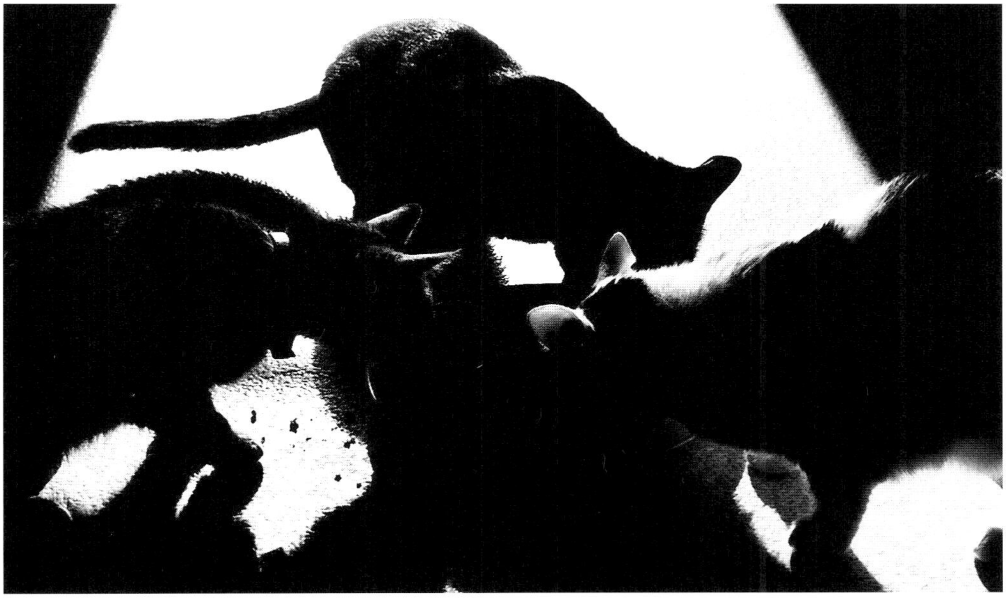

Dinner im Dämmerlicht: Wie Revierkontrolle und Siesta gehört das Frühmorgenfrühstück zum Nachtleben der Katzen.

Mußestunde um Mitternacht: Katzen können »nach innen« blicken und sind dabei der Welt rundherum weit entrückt.

Plätzchen im Mondlicht: Reine Hauskatzen passen sich ihrer Familie an und verdösen meist die halbe Nacht.

Schließlich kann vor allem nachts alles Ungewohnte, Unbekannte und Unvorhergesehene Gefahr bedeuten. Da wandelt man sicherheitshalber lieber auf vertrauten Wegen: Eine Katze, die bei Einbruch der Dämmerung das Haus verläßt und ins Revier aufbricht, patrouilliert stets auf denselben Pfaden, kontrolliert dieselben Grenzmarken, Bäume, Zäune oder Hausecken, und äugt von den ewig selben Warten aus in die dunkle Nachbarschaft. Das kurze Nickerchen zwischendurch, am Lieblingsplatz in der Scheune oder unter den Heckenrosen, gehört selbstredend dazu. Natürlich fast immer zur gleichen Stunde, das versteht sich wohl von alleine.

Nicht nur den Katzen selbst bringen ihre unverrückbaren Gewohnheiten Vorteile. So manchem, der mit Katzen lebt, sich für ihren Lebenswandel interessiert oder gar mit Forscherdrang ihren Verhaltensmustern auf die Spur kommen will, erleichtern die festen Raum- und Zeitregeln die Arbeit. Der weltbekannte Fotograf Hans Silvester hat über viele Jahre die ganz besondere Welt der halbwild lebenden Katzen auf den Kykladen-Inseln in der griechischen Ägäis mit der Kamera eingefangen. Viele seiner einmaligen, atemberaubenden Fotos gelangen ihm nur, weil er über Wochen und Monate genau studierte, wann und wo welche Katze über Mauern, Balkone, Fenstersimse oder abgelegene Plätze marschierte. Eine Reihe seiner Bilder zeigen Katzen auf den Bruchteil einer Sekunde genau mitten im gewaltigen Satz von Hausdach zu Hausdach. Keine Zufallsprodukte. Sondern einzig und allein das Wissen, daß diese Katzen an eben dieser Stelle zu dieser Tageszeit auf ihrer Reviererkundung regelmäßig zum Sprung ansetzen.

Die Geschichte von der Nachtjägerin, die unablässig sämtliche Mäuselöcher ihres Territoriums inspiziert, wird als Mär entlarvt. Nicht

Grauzone im Garten: Die regelmäßige nächtliche Inspektionstour durchs Stammrevier ist für jede Katze Pflicht.

zuletzt die Hauskatzen, die sichtbar gut im Futter stehen, packt während der Dunkelheit nur dann und wann der Jagdinstinkt. Doch die Durchleuchtung des »Schattenlebens« der Katzen hat auch Erstaunliches zutage gefördert. Die nur zu gerne als notorische Einzelgänger abgestempelten Nachtwandler treffen sich an offenbar insgeheim vereinbarten Orten zum harmonischen Stelldichein. Da sitzen sie dann oft lange Zeit friedfertig und anscheinend zufrieden nebeneinander, als würden sie sich Märchen aus Tausendundeiner Katzennacht erzählen. Irgendwann ist der eigentümliche Spuk vorüber, und Kätzinnen und Kater gehen wieder ihrer eigenen, vorbestimmten Wege.

Straßen durch die Nacht: Auf stets gleichen Wegen erkundet eine Katze ihr vertrautes Jagdgebiet.

Nicht zu allen Zeiten jedoch bestimmt Eintracht die nächtliche Szene. Von vielstimmigen, selten besonders melodiösen Katerkonzerten in den Vorgärten können die leidgeplagten Besitzer einer rolligen Katzendame selbst ein Klagelied singen. Die aufdringlichen Freier lassen es allerdings mit dem lautstarken Ständchen selten bewenden. Oft genug wird den Nebenbuhlern mit Krallen und Zähnen nachhaltig eingeschärft, wer sich für den eigentlich Auserwählten hält. Im frühen Licht des nächsten Tages künden zerkratzte Katernasen und Fellbüschel im ramponierten Rosenbeet von den mitternächtlichen Gefechten.

Rosemarie Wolff, Schülerin des »Katzenprofessors« Paul Leyhausen, Fachbuchautorin und Katzenkennerin, hat eine faszinierende Theorie über den eigenwilligen Tages- und Nachtrhythmus der Katzen aufgestellt. Sie hält ihren 24-Stunden-Tag für ein »Zwischending zwischen der Zeiteinteilung eines Tag- und Nachtschichtarbeiters und dem zeitraubenden Nichtstun eines Gammlers«. Rosemarie Wolff ist davon überzeugt, daß die innere Uhr einer Katze, die stundenlang vor dem Mäuseloch wartet oder regungslos zu den Sternen des Nachthimmels starrt, schlichtweg stillsteht, daß die Zeit für sie nicht weiterläuft. In anderen Situationen wiederum, wo im Bruchteil von Sekunden eine Entscheidung getroffen oder gehandelt werden muß, tickt die Katzenuhr rasend schnell.

Von den nächtlichen Patrouillengängen aushäusiger Katzen wissen wir nun. Was aber treiben die armen Stubentiger, denen der abendliche Freisprung aus dem Küchen- oder Kellerfenster verwehrt bleibt? Eines ist sicher: Die reinen Wohnungskatzen machen die Nacht nicht zum Tage. Wohl aus Langeweile und Mangel an wachhaltender Abwechslung verschlafen viele den größten Teil der Nacht. Sie haben sich mehr oder minder freiwillig dem Lebensrhythmus ihrer menschlichen Partner angeglichen. Nur hin und wieder wird das altvertraute Wohnungsrevier in den Nachtstunden inspiziert. Wenn der Mond dabei durchs Fenster scheint, haben die Kontrollgänger wenig Probleme: Dank ihrer extrem leistungsfähigen Augen nehmen sie selbst bei geringstem Dämmerlicht verläßlich jeden Gegenstand in ihrer Umgebung wahr. Im stockfinsteren Zimmer jedoch sind selbst Katzen blind. Dann kommt ihnen eine Fähigkeit zu Hilfe, die von den Wissenschaftlern als kinästhetisches Orientierungsvermögen bezeichnet wird. Die Katze »erinnert« sich an den exakten Standort von Schränken, Tischen oder Sesseln. Und findet sich so tatsächlich blind zurecht. Doch wehe die Frau des Hauses wurde am Abend zuvor von der Lust am Möbelrücken gepackt. Dann stürzt die Welt der Katze in heilloses Durcheinander, und es braucht geraume Zeit, bis sie die neue Ordnung schnuppernd zur Kenntnis nimmt und anerkennt.

Wenn die Sonne aufgeht, finden sich alle wieder ein: die freilebenden Katzen und die Zimmerpaschas. Da muß gar nicht erst vernehmlich mit der Futterschüssel geklappert werden. Die Frühstückszeit haben sämtliche Katzen dick und fett in ihrem Terminplan unterstrichen.

Hungrige Heimkehr: Frischluft fördert den Appetit.
Katzen mit Auslauf lieben die Morgengabe im Futternapf.

Kapitel 2

MACHEN MÄUSE KATZEN GLÜCKLICH?

Ein jeder hat so seinen Lieblingstraum. Den vom sprichwörtlichen Traummädchen, vom Traumurlaub an Traumstränden, vom Traumjob oder der Traumerbschaft, ersatzweise den Traumzahlen fürs Millionending im Lotto. Aber wie es so geht mit unseren Traumphantasien: Selten genug werden sie wirklich wahr. Vielleicht ist das auch gut so. Sonst müßten wir uns ja ständig nach neuen Traumzielen umschauen.

Bei Hauskatzen – zumindest denen, die tatsächlich nur im Haus leben – muß man sich da keine Gedanken machen: Ihr Lieblingstraum bleibt ihnen mangels einschlägiger Gelegenheit auf Dauer erhalten. Der, da ist sich die überwältigende Mehrheit aller Katzenliebhaber einig, kann sich nur um Mäuse drehen. Getreu der Überzeugung, daß die Maus zur Katze gehört wie die Butter zum Brot. Verständlich das allzeit nagende schlechte Gewissen mancher Katzenhalter, die ihren Wohnungstigern keine Live-Show mit Mäusezirkus offerieren können.

Auch auf die Gefahr hin, eine Frage zu stellen, die viele für absolut überflüssig halten und als längst beantwortet betrachten: Brauchen Katzen Mäuse zu ihrem Glück? Und was macht die grauen Nager überhaupt interessant für eine Katze? Eines jedenfalls spricht allemal für die Maus – zumindest aus der Sicht der Katze: ihr Inhalt. Eine gesunde Maus liefert nämlich exakt die Nährstoffkomposition, die Katzen brauchen: leicht verdauliches Muskelfleisch und schmackhafte Innereien, von der Gallenblase einmal abgesehen. Der Darminhalt versorgt die Hinterhofjägerin mit wertvollen pflanzlichen Stoffen, die unverdaulichen Knochen und Haare regen als Ballastmaterialien ihre Verdauung an, Vitamine und Spurenelemente runden die Futtermischung ab. Aber Achtung: Eine erwachsene Katze benötigt je nach Temperament und Aktivität täglich zwischen 150 und 250 Gramm. Die »Standardmaus« bringt jedoch kaum mehr als dürftige 20 Gramm auf die Waage. Summa summarum müßte unsere Katze folglich mindestens acht bis zwölf Nagetiere zur Strecke bringen. Das bleibt pure Illusion in den heutigen Jagdrevieren zwischen Häuserblocks, Hauptstraßen und naturbereinigten Vorgärten.

Hauskatzen können von Mäusen alleine nicht satt werden. Der Fertigfutter-Napf hat dem Frischfleisch-Fang längst den Rang abgelaufen. Mäuse sind höchstens noch ein Gaumenkitzel zwischendurch, selbst für pflichtbewußte Jägerinnen. Wer seine Katze bewußt auf

Angeln auf Katzenart: Mit der Pfote wird die Umgebung des Mauselochs auf Beutespuren sondiert.

Hörprobe auf der Wiese: Für das Katzenohr ist selbst das leiseste Trippeln einer Maus der zentrale Schlüsselreiz.

Frischfleisch am Stück: Mäuse sind die ideale Katzennahrung, aber satt machen sie einen Stubentiger nicht.

Sparkost setzt, um sie mit knurrendem Magen zu mehr Biß beim Jagdausflug anzustacheln, erreicht eher das Gegenteil: Hungrige Katzen machen selten Beute. Jagd ist harte Arbeit und verlangt die ganze Katze: eine gesunde, hellwache, psychisch intakte. Nach modernsten wissenschaftlichen Erkenntnissen komponiertes Dosenfutter liefert den vollwertigen Mäuseersatz, zumindest in bezug auf die ausgewogene Versorgung mit Eiweißen, Fett, Kohlenhydraten, Vitaminen und Mineralstoffen. Weil aber die Jagd auf die feinen Fleischstückchen mit Rind- und Hähnchengeschmack selten mehr als ein mahnendes »Miau!« erfordert, kann sie eines allerdings ganz bestimmt nicht ersetzen: das für den Seelenfrieden und das Psychokostüm einer Katze wichtige Katz-und-Maus-Spiel.

Mäuse machen müde Miezen munter. Ganz klar: Ihr Rascheln, Fiepen, Wispern und Kratzen weckt die Jagdgelüste in jeder Katzenbrust. Der Trieb, aufzulauern, anzuschleichen und die Beute im Sprung zu packen, wird allen Katzen dieser Welt, den großen und den kleinen, ins Wurflager gelegt. Kaum, daß sie sich selbst auf den wackeligen Beinchen halten können, gehen Katzenknirpse schon auf alles los, was knistert, raschelt oder sich fortbewegt – egal, ob Mamas zuckender Schwanz oder der nackte Fuß des Menschen. Daß Mäuse getötet und verzehrt werden können, steht in einem anderen Katzenschulbuch: Das lernen die Kids erst vom mütterlichen Vorbild. Ab der vierten Lebenswoche ihres Nachwuchses bringt die fürsorgliche Katzenmutter tote Mäuse mit nach Hause und verspeist sie vor den Augen der Kinder. Später läßt sie lebende Mäuse frei, mit denen sich die Jungjäger anfangs spielerisch, später immer ernsthafter beschäftigen. Nach und nach setzt sich das »Beuteschema« in ihren kleinen Köpfen fest. Nächste Lektion: der fachgerechte, saubere Biß in den Mäusenacken.

Hochspannung bis in die Schwanzspitze: Vor dem Mauseloch hat die Katze weder Auge noch Ohr für den Rest der Welt.

Jagdausflug ins Unterholz: Als Schleichjägerin ist eine Katze an Perfektion nicht zu übertreffen.

Am Vorbild lernen die Kleinen, wie es sein soll, und bauen die möglicherweise angeborene Tötungshemmung langsam ab. Ganz verschwindet die allerdings auch bei erwachsenen Katzen nie. Wahrscheinlich ein Schutzmechanismus, der etwa dann sinnvoll Wirkung zeigt, wenn eine Katzenmutter ihre Kinder per Nackenbiß sanft transportiert. Oder der Kater seiner Liebespartnerin bei der Paarung herzhaft, aber nicht zu grob ins Nackenfell beißt. Eine lustvolle Geschichte, die schließlich nicht blutig enden soll.

Zurück zu den Jagdlehrlingen. Der Trieb zum Jagen ist Katzen angeboren, aber erst stete Übung und möglichst perfekte Nachahmung machen Meister. Jede Bewegung, die zum Beutefangzyklus zählt, wird vom Jungvolk ausdauernd trainiert. Ein Schulungsprogramm, das nie völlig endet: Auch ausgewachsene Profijägerinnen unter den Katzen halten sich regelmäßig spielerisch für den Ernstfall fit. Wenn es schließlich tatsächlich zur Sache geht, wird das vollständige Verhaltensrepertoire abgespult: Vorsichtig, oft genug im Zeitlupentempo und unter Ausnutzung jeder kleinsten Deckung pirscht sich die Katze bis auf wenige Meter an ihr Opfer heran, so flach an den Boden geduckt, daß ihr Bauchfell die Erde streift. Nur die wild zuckende Schwanzspitze, die abgespreizten Schnurrhaare, die aufgestellten Ohren und die extrem geweiteten Pupillen verraten den Erregungsgrad. Die Hinterbeine treteln mehrfach auf der Stelle, der Katzenkörper spannt sich zusehends und schießt schließlich nach vorne. Zwei, drei flache, weite Sprünge.

Erfolgreich? Trotz aller Perfektion nicht immer. Mäuse sind schließlich auch nicht auf den Kopf gefallen.

Lauern und Anschleichen – das ist der lustbetonteste Teil der Mäusejagd. Die Katze baut dabei große innere Spannungen auf. Nach dem Schlagen der Beute müssen die möglichst rasch wieder auf Normalniveau abgesenkt werden. Oft denkt eine Katze gar nicht daran, ihre Maus zu töten. Statt dessen läßt sie sie wieder frei, treibt sie mit schnellen Tatzenhieben vor sich her, packt sie erneut, schleudert sie hoch in die Luft. Uns erscheint das Katz-und-Maus-Spiel grausam, weil unnötig. Die Tierverhaltensexperten haben eine andere Bezeichnung dafür: Entspannungsspiel. Nach ihrer Überzeugung baut die Jägerin dabei am besten die Überschußerregung ab. Je länger eine Katze nicht gejagt hat, desto größer ist dieser Erregungsstau bei der Pirsch. Erst wenn die Spannung abgeklungen ist, setzt die Katze endlich den Todesbiß. Nicht immer: Denn gar nicht so selten entwischt ihr die Beute während der »Spielphase« doch noch. In solchen Situationen führt uns die unvermutet um den Erfolg gebrachte Jägerin sehr augenfällig vor, was es heißt, verdutzt aus der Wäsche zu gucken. In keinem Fall übrigens frißt eine Katze die Maus an Ort und Stelle, sie schleppt sie immer zuerst an ein ruhiges Plätzchen.

Ganz einig sind sich die Forscher in Sachen Entspannungsspiel nicht: Manche interpretieren das Wegschleudern und Hochwerfen der Maus als Versuch, den inneren Konflikt zwischen Größe des Beutetieres und Selbsteinschätzung abzubauen. Erscheint das Opfer zu groß, kann die Katze im Spiel seine tatsächliche Wehrhaftigkeit erkunden und es gleichzeitig ermüden. Eines steht fest: Wenn Katzen ihren Beutetrieb nicht bei der Jagd oder im Fangspiel ausleben, können Triebstau und Verhaltensstörungen die Folgen sein. Und letztlich eine Katze, die seelisch und körperlich Schaden nimmt.

Werden also reine Stubentiger nun doch zwangsläufig zu Seelenkrüppeln? Keine Panik! Wir wissen jetzt, daß die Katze vor allem den Kitzel der Jagd braucht, das Beutespiel. Nicht aber den Tötungsakt selbst. Eine gesunde Katze schafft sich auch ohne lebende Beute Ersatz, wenn das Jagdfieber sie packt. Notfalls werden unsichtbare Objekte in der Zimmerecke belauert oder herumliegende Papierschnipsel überfallen. Regt der Katzenmensch außerdem regelmäßig selbst ein ausgelassenes Jagdspiel an, kann jede Katze problemlos auf die echten Mäuse verzichten.

Wer Erfolg haben will, muß sich in Geduld üben: Zumindest bei der Jagd auf kleine Nager zahlt sich Warten oft aus.

Kapitel 3

DIE GEBORENEN HOCHSEILARTISTEN

Überliefert ist es nicht. Aber vorstellen kann man es sich schon, daß Johann Wolfgang neidisch war. Welcher Johann Wolfgang? Natürlich Dichterfürst Goethe. Und seine Neidgefühle könnten jenen begnadeten Wesen gegolten haben, die auch zu seiner Zeit nonchalant und ohne Zagen und Zögern hoch droben über schmale Dachvorsprünge turnten oder auf kaum fingerbreitem Geländer zirkusreife Balance-Artistik demonstrierten. Katzen haben dem armen Goethe etwas voraus, was der durch Kletterpartien auf hohe Türme und Bergkuppen immer wieder vergeblich zu erreichen suchte: Sie sind absolut schwindelfrei. Dort, wo Goethe vor dem freien Blick nach unten zurückschauderte und sich gleich ihm bei unzähligen Menschen Blutleere im Kopf einstellt, die Welt ringsherum Riesenrad fährt und die Tiefe eine magische Anziehungskraft ausübt, bleiben Katzen cool bis in die Krallenspitzen. Mit traumwandlerischer Sicherheit und aufreizender Gelassenheit bewegen sie sich auf Firsten und Mauersimsen, die nicht einmal die Breite ihrer Pfotenpolster erreichen. So als würden First und Sims nicht zehn oder zwanzig Meter hoch über, sondern direkt auf dem Erdboden liegen.

Katzen sind selbstsichere Tiere. Und ganz offensichtlich sind sie sich ihrer vielen faszinierenden Fähigkeiten voll bewußt. Das gilt für die Kleinkatzen wie Haus- und Wildkatze, den Luchs und Ozelot ebenso wie für ihre großen Verwandten Löwe und Tiger. Eine Selbstsicherheit, die nicht alleine beim Balancieren in luftiger Höhe, sondern in jeder einzelnen, noch so kleinen Bewegung des Katzenkörpers augenfällig wird. Kein anderes Tier erreicht auch nur annähernd eine solche Perfektion an Geschmeidigkeit und Körperbeherrschung. Die extreme Beweglichkeit und die sprichwörtlich katzengleiche Gewandtheit kommen nicht von ungefähr: Die 240 Knochen und Knöchelchen des Katzenkörpers werden von über 500 Muskeln und Muskelgruppen kontrolliert, die ihre Besitzerin zu blitzschneller und koordinierter Reaktion befähigen, gleich, ob im Sprung, beim Klettern, Anschleichen, im Sprint oder beim Hochseilakt. Katzen sind Zehengänger. Sie laufen nicht – wie etwa der Mensch – auf der Fußsohle, sondern lediglich auf den Zehen. Was übrigens selbst manchem Katzenhalter unbekannt sein mag: Vorne hat eine Katze die »üblichen« fünf Zehen, an den Hinterbeinen aber nur je vier (die Großzehe ist hier völlig zurückgebildet). Für feinfühliges Balancieren ist die anatomische Besonderheit

Schwindelfrei und trittsicher: Katzen beherrschen ihren Körper perfekt. Und sie sind sich ihrer akrobatischen Fähigkeiten voll bewußt. Das allerdings kann dann manchmal aber doch zu riskanten Manövern zwischen Himmel und Erde führen, beim Versuch, einen Vogel auf kaum pfotenbreiter Balkonbrüstung zu fangen zum Beispiel. Oder beim riskanten Hochweitsprung vom Mauersims zur glatten Regenrinne.

des Zehenspitzentanzes auf jeden Fall von Vorteil. Nur wenn es um die möglichst gleichmäßige Verteilung des Körpergewichts geht, plaziert die Katze ihre Hinterbeine fast wie ein Sohlengänger. Pluspunkt Nummer zwei: Bei der Katze ist das Schlüsselbein, das bei den meisten anderen Säugetieren und auch bei uns eine starre Verbindung zwischen Schulterblatt und Brustbein herstellt, stark reduziert. Seine elastisch in Sehnen eingelagerten Reste stellen eine Sonderentwicklung dar, die so nur bei der Katze vorkommt. Nur ihr ist es möglich, beim Klettern einen Baum zu umfassen und beim Beutefang Prankenhiebe auszuteilen. Bei reinen Lauftieren, Huftieren und Hunden etwa, ist das Schlüsselbein völlig zurückgebildet, was das elastische Abfedern und die Sprungfähigkeit entscheidend erhöht, gezielte Bewegungen senkrecht zur Körperachse aber nicht mehr erlaubt. Nur die Katze schlägt zwei Fliegen mit einer Klappe: Trotz eines Schlüsselbeins ist ihr Schultergürtel so elastisch aufgehängt wie bei Tieren ohne Schlüsselbein, gleichzeitig aber kann sie mit kraftvoller Klammerbewegung zupacken wie sonst nur Tiere mit Schlüsselbein.

Die Katze ist in erster Linie Augentier, auch wenn ihr Gehör und Tastsinn nahezu ähnlich hoch entwickelt sind. Von der verblüffenden Fähigkeit, selbst bei geringsten Lichtmengen noch sehen zu können (in absoluter Dunkelheit sind allerdings selbst Katzen blind), soll hier nicht die Rede sein. Für die atemberaubenden Luftnummern ohne Netz und doppelten Boden stellt jedoch die stark nach vorne gewölbte Hornhaut der Augen eine unverzichtbare Lebensversicherung dar. Die Erklärung ist einfach: Je weiter ein Auge aus dem Gesichtsschädel hervortritt, desto größer ist sein Sehwinkel. Ohne Augenposition oder Kopfhaltung verändern zu müssen, erfaßt eine Katze mit jedem Auge einen Sehwinkel von

Fast wie zum Baumleben geboren: Durch tägliche Praxis perfektionieren Hauskatzen ihre ererbten Kletterkünste.

mehr als 200 Grad. Wichtig dabei der breite Frontalbereich, den beide Augen gleichzeitig abdecken. Hier sieht die Katze räumlich, kann also Entfernung und Lage von Objekten genau einschätzen. Ohne diese Fähigkeit zum binokularen Fixieren würde jeder Schritt auf dünnem Ast oder schmalem Zaun zum gefährlichen Vabanquespiel. Und von einer erfolgreichen Mäusejagd könnte natürlich auch nicht die Rede sein.

Katzen bringen alle Voraussetzungen für artistische Kletter- und Balance-Aktionen mit auf die Welt. Doch zur fehlerfreien Meisterschaft ist es trotz allem ein mühsamer Weg. Jungkatzen entwickeln schon früh eine erstaunliche Selbständigkeit und erkunden ab der vierten Lebenswoche zunehmend mutiger ihren Lebensbereich. Von der sechsten bis siebten Woche an probt man bereits den Aufstieg an Baumstämmen und unternimmt Entdeckungsreisen über die Dächer. Keine ganz ungefährliche Entwicklungsphase! Am Stamm aufwärtsklettern? Gebongt! Aber zurück? Das endet nicht selten mit herzzerreißendem Miauen nach Mama oder anderen freiwilligen Helfern, während man bewegungsunfähig auf halber Höhe hängt. Bleibt rechtzeitige Rettung aus, folgt manchmal leider der freie Plumps zur (hoffentlich) weichen Erde.

Selbst erwachsene Katzen haben nicht selten ihre liebe Mühe mit dem Abstieg aus dem Wipfelbereich eines Baumes. Dem Drang nach Höherem kann der Katzennachwuchs übrigens frühestens ab der fünften Lebenswoche nachgeben. Erst dann nämlich sind die Kätzchen in der Lage, ihre Krallen einzuziehen und je nach Bedarf auszufahren, um sie etwa als »Steigeisen« in die Baumrinde zu schlagen. In der Zeit davor stehen die Krallen unverrückbar weit hervor. Ob junge oder erwachsene Katzen – nicht selten verhindern gerade die Krallen, mit denen man sich in letzter Sekunde an Ast oder Markise einhakt, den Absturz aus großer Höhe. Denn trotz aller Perfektion sind Abstürze und Beinah-Abstürze so selten nicht. Vor allem nicht bei den Katzen-Kids, die zwar vor Neugier, Tatendrang und Wagemut strotzen, bei denen es aber mit der Motorik oft noch erheblich hapert. Hilft auch der Kralleneinsatz nicht mehr, enden Stürze bei Kätzchen in der Regel schlimmer als bei ausgewachsenen Katzen. Bei denen läuft nämlich automatisch ein Reflex ab, der während des freien Falls dafür sorgt, daß sich der Körper dreht und die Katze auf allen Vieren landet. So lassen sich zumindest schwere innere Verletzungen oft genug vermeiden. Bei Jungkatzen ist diese Wendetechnik noch nicht ausgereift.

Keine Wirkung zeigt die Ausgleichsbewegung beim Fall aus geringer Höhe, weil der Katze hier zu wenig Zeit bleibt, um ihren Körper zur sanften Landung vorzubereiten. So erstaunlich es daher klingen mag: Beim Absturz

aus niedriger Höhe ziehen sich Katzen oft schwerere Verletzungen zu als beim freien Fall vom Balkon der dritten oder vierten Etage. Amerikanische Wissenschaftler haben in einer Analyse von Katzenabstürzen aus Extremhöhen noch Verblüffenderes festgestellt: Fast alle Tiere, die aus den obersten Stockwerken von Wolkenkratzern fielen, überlebten den Riesenplumps – wenn auch zum Teil erheblich verletzt. Die Erklärung liegt in der Konfektionsgröße des Katzenkleids: Das Fell umgibt den Katzenkörper nicht wie eine zweite Haut, sondern ist eher eine Nummer zu groß geraten. Zum Glück für die unfreiwilligen Flieger: Im Fallen bläht sich der Pelzmantel auf und bildet Taschen mit Luftpolstern, die gleich einem Fallschirm das Tempo des Falls drastisch bremsen. Simulationen (ohne lebende Katzen!) zeigen, daß dabei eine bestimmte Sinkgeschwindigkeit nicht überschritten wird. Vergleichsversuche machen deutlich, daß sie erheblich niedriger liegt als die Sinkgeschwindigkeit ähnlich schwerer und ähnlich großer Objekte.

Daß man seine Katze weder in Versuchung führen noch einem Falltest unterziehen sollte, versteht sich von selbst. Daher sollte auch für erfahrene Balkon-Künstlerinnen das sichernde Katzenschutznetz eigentlich Pflicht sein. Denn irgendwann kommt ganz bestimmt einmal ein verirrter Sperling oder eine vorwitzige Amsel des Wegs geflogen und weckt die Jagdgelüste in der Balkonbewohnerin. Die aber lassen eine Katze nicht selten alles andere rundherum vergessen – leider aber auch die Tatsache, daß es vor dem Geländer zehn Meter in die Tiefe geht und Katzen trotz Flatterfell nicht unbedingt zum Fliegen geboren sind.

Für die detaillierte Beschreibung der Anatomie des Schlüsselbeins bei der Katze danken wir Herrn Dr. B. Hohorst, Zoologe und Referent für die naturkundlichen Museen am Rheinischen Museumsamt in Pulheim.

Drang zu Höherem: Die Vorliebe fürs Klettern ist kein Selbstzweck, Höhe hat für Katzen vielmehr unbestreitbare Vorteile. Den einer idealen Kontrolle übers heimische Revier und den der besseren Verteidigungsposition etwa.

Kapitel 4

EINZELGÄNGER MIT SOZIALER ADER

Unfreundlich, unleidlich, unverträglich, unsozial. Attribute, die nach Meinung nicht weniger Zeitgenossen paßgenau auf den Leib unserer Hauskatzen zugeschnitten sind. Dabei denkt man an ablehnende Distanz und kühle Reserviertheit fremden Menschen gegenüber, aber auch an Kommunikationskonflikte innerhalb der Katzengesellschaft selbst. Von Verständigungsproblemen mit anderen vierbeinigen Hausbewohnern, vorrangig hündischer Herkunft, ganz abgesehen.

Mag sein, daß die Katzen derartiges Schubladendenken von Zeit zu Zeit provozieren, wenn sie sich, lautstark zeternd und derbe Pfotenhiebe austeilend, in aller Öffentlichkeit in die Wolle geraten. Sei es, weil Wegerechte und Territorialansprüche ebenso grundsätzlicher wie nachdrücklicher Regelung bedürfen, sei es, daß sich die Kater der Schöpfung vom »Und ewig lockt das Weib« zu hemmungsloser Streitsucht hinreißen lassen. Mag sein, daß mancher Mensch in völliger Unkenntnis der Katzenpsyche beim allzu forschen Versuch der Kontaktaufnahme recht schnöde abgewiesen oder gar gemaßregelt wird. Mag sein, daß Katzen gegenüber anderen Haustieren auf ihren Gewohnheitsrechten beharren und sich dabei oft wenig kompromißbereit zeigen. Das alles ist zwangsläufig kaum dazu angetan, Vorurteile abzubauen. Vor allem nicht solche, die aus Angst vor der vermeintlich unberechenbaren und unheimlichen Sphinx geschürt werden. Mag andererseits aber auch sein, daß das den Katzen völlig schnuppe ist. Weil Anbiedern und Liebedienern nicht ihre Sache ist. Sollen sie doch genauer hinschauen, die Menschen, wenn sie unser Wesen ergründen oder zumindest ein Zipfelchen des Schleiers darüber lüften wollen, werden die Katzen denken.

Trotz aller liebesverrückter Kater: Schläger und Raufbolde sind in Katzenkreisen eindeutig in der Minderheit. Griesgrämige Einzelgänger ebenso. Auch in der Partnerschaft mit dem Menschen haben die Hauskatzen eine Vielzahl ihrer ursprünglichen Verhaltensweisen beibehalten, deutlich mehr jedenfalls als der Hund, der sich unserem Leben eng angepaßt hat. Eine entscheidende Neuerung ist allerdings auf dem langen Weg aus der Wildnis in die Wohnung hinzugekommen: Ohne ihr Solistendasein, ihren ererbten Einzelgängerstatus vollends aufzugeben, haben Hauskatzen die soziale Verträglichkeit für sich entdeckt. Wildkatzen gehen sich grundsätzlich und überall aus dem Weg, Balz- und Paarungszeiten ausgenommen, und achten argwöhnisch darüber, daß Artgenossen

Freiraum am Futternapf: Anders als die Hundekonkurrenz geben sich Hauskatzen bei der gemeinsamen Mahlzeit friedfertig, vorausgesetzt die Rangordnung untereinander ist geklärt.

Die Einsamkeit der Jägerin: Trotz ihrer ausgeprägten Ader fürs Soziale geht die Katze stets solo auf die Pirsch.

ihrem Territorium fernbleiben. Auch Hauskatzen durchstreifen Reviere und Jagdgebiete in traditioneller Manier solo, auf der Basis ungeschriebener, arttypischer Regeln und verbriefter Wegerechte. Doch im eigentlichen Heimatbereich, dem sogenannten Revier erster Ordnung, haben sich die Dinge zum zumindest duldenden Miteinander gewandelt. Von diesem tiefgreifenden Strukturwandel ahnen viele Katzenbesitzer wenig. Die Bereitschaft zur Geselligkeit erscheint ihnen selbstverständlich, weil ihre Tiere sie schon immer an den Tag legen. Und doch ist die neue Formel der Koexistenz mit Blick auf die Verhaltensmuster der Vorväter schlichtweg eine Revolution, wenn auch eine sanfte, die – wie sollte es in Katzenkreisen anders sein – auf leisen Pfoten daherkommt. Anmerkung am Rande: Die Säugetierexperten wissen heute, daß viele Tierarten sich in ihrem Verhalten weitaus stärker an Lebensraum und Lebensbedingungen anpassen, als früher angenommen wurde. So darf man durchaus vermuten, daß es eine Beziehung gibt zwischen dem Einzelgängertum der Wildkatzen und ihrer geringen Bestandsdichte.

Die soziale Ader der Hauskatzen ist ohne Frage eine Folge der Nähe zum Menschen. Dabei darf eine besonders erstaunliche Facette der mittlerweile über viertausend Jahre währenden Partnerschaft (zum Vergleich: die Anfänge der Domestikation des Hundes liegen ca. 15 000 Jahre zurück) nicht unerwähnt bleiben: Fast immer ist die Bindung einer Katze an ihren Menschen enger und intensiver als ihre Beziehung zu Artgenossen, selbst zu Wurfgeschwistern oder anderen vertrauten Katzen im Haus. Der Mensch ist beileibe nicht nur Türöffner oder Futterautomat, sondern der wichtigste Sozialpartner überhaupt. Der Grundstein der Liebe zum Zweibeiner wird während der sogenannten Sozialisierungsphase (in der auch zeitweise solitäre Tiere wie die Katzen wichtige er-

Lernen in der Partnerschaft: Im ausgelassenen Spiel mit den Geschwistern erproben die Jungkatzen ihre Fertigkeiten.

ste soziale Bindungen eingehen) gelegt: Kätzchen, die zwischen der zweiten und siebten Lebenswoche positive und zärtliche Kontakte zum Menschen aufbauen, bewahren sich diese Zuneigung zeitlebens. Die frühkindliche Prägung auf den Partner Mensch erklärt auch die verblüffende Verträglichkeit von Wohnungskatzen untereinander: Der Mensch ist gleichsam die Mutterkatze, die alle Gefahren fernhält und zuverlässig für Unterkunft und Verpflegung sorgt. Kümmern müssen sich Hauskatzen um nahezu nichts. Keine Notwendigkeit also, je erwachsen zu werden. Und so bleiben sie eben zeitlebens liebenswerte, manchmal auch quengelnde Katzenkinder, die rund um die Uhr verwöhnt und verhätschelt werden wollen. Leben mehrere Katzen im Haus, verhalten sie sich zueinander wie Wurfgeschwister, lecken sich gegenseitig, balgen miteinander und suchen beim Schlafen und Essen bewußt die Nähe der Partner. Doch ein bißchen Sphinx bleiben sie alle und alle Zeit. Selbst die, die sich in menschlicher Obhut als hilflose Katzenbabys gebärden. Spätestens beim nächsten Ausflug aufs benachbarte Wiesengrundstück wandeln sich die scheinbar unselbständigen Kätzchen zu selbstbewußten, mutigen und reaktionsschnellen Jägerinnen, die sich weder von Maus noch Mann die Butter vom Brot nehmen lassen.

Zu den ewigen Rätseln des Katzenlebens gehören auch die geheimen nächtlichen Katzentreffen, meist irgendwo auf unzugänglichen Dächern oder in vergessenen Hinterhöfen. Selten genug, daß ein Mensch Augenzeuge der geschlossenen Gesellschaft wird, selten genug, daß die unwirkliche Szenerie so ins helle Mondlicht getaucht wird, daß man die Dunkelmänner und -frauen erkennen kann. Dann jedoch läßt sich Merkwürdiges beobachten: Katzen aller Altersklassen, jeder Herkunft und Rasse, zumeist Kater zwar, aber auch Kätzinnen, sitzen völlig entspannt, friedfertig und zufrieden beieinander. Ohne daß man allerdings nur einen einzigen Fingerzeig erhält, weshalb das fast lautlose mitternächliche Beisammensein eigentlich einberufen wurde. Als hätten die Teilnehmer über die Dauer des Treffens schon vorab Einigkeit erzielt, löst sich der stille Spuk

Straßenbekanntschaft: Im Revier gehen sich Katzen in der Regel möglichst aus dem Weg. Sind Begegnungen unvermeidlich, begrüßt und begutachtet man sich höflich, aber mit viel Zurückhaltung per Nasenkontrolle.

irgendwann auf, und alle Katzen ziehen wieder solo ihrer dunklen Wege.

Soziales Leben ist zwangsläufig abhängig von den möglichen »gesellschaftlichen« Kontakten, und sozial verträgliches und angepaßtes Verhalten erlernt sich nur in der Praxis. Katzen, die weder im eigenen Domizil noch irgendwo im Wohnviertel mit Artgenossen zusammenkommen können, sind bei unvermuteten Konfrontationen – je nach Naturell – zurückhaltend-scheu bis abwehrend-aggressiv. Je älter die Katze, desto schwerer fällt es ihr, soziales Verhalten ohne jeden Vorbehalt zu demonstrieren. Irgendwann geht dann gar nichts mehr. In Gegenden hoher Katzendichte darf man sich derart eigenbrötlerische Animositäten verständlicherweise kaum erlauben. Auch hier gehen die freilebenden Katzen immer noch einzeln auf die Pirsch. Da ihre Gebiete sich jedoch meist stark überlappen, akzeptieren sie die Jagdaktivitäten anderer in der Regel ohne Widerspruch. In Kernbereichen mit extremen Bevölkerungsdichten, in Fischerhäfen etwa, auf kleinen Inseln oder in einzelnen Stadtvierteln, weicht bei streunenden Katzen das passive Dulden der Artgenossen nicht selten aktiver Gemeinschaftsarbeit: Jetzt nämlich schließt man sich, zumindest für begrenzte Zeit, zu Gruppen mit fester Sozialstruktur zusammen. Offensichtlich sind sich die Katzen der Vorteile ihrer gemeinsamen Sache (bessere Verteidigungschancen, keine Katerkonkurrenz um Kätzinnen, Tanten-Hilfsdienste für den Nachwuchs) voll bewußt.

Katzen leben seit vielen Jahrhunderten in frei gewählter Partnerschaft mit dem Menschen. Wie es so geht mit guten alten Freunden: Nach geraumer Zeit schaut man nicht mehr allzu genau hin. Man weiß ja, was man aneinander hat, und glaubt zu wissen, wie der andere denkt und reagiert. Es kann durchaus sein, daß wir sehr lange nicht genau genug hingeschaut haben und das vielschichtige Miteinander der Katzengesellschaften schlichtweg übersehen haben. Höchste Zeit also, die alten Vorurteile von Hauskatzen als unleidlichen Einzelgängern ohne viel Federlesen über Bord zu werfen.

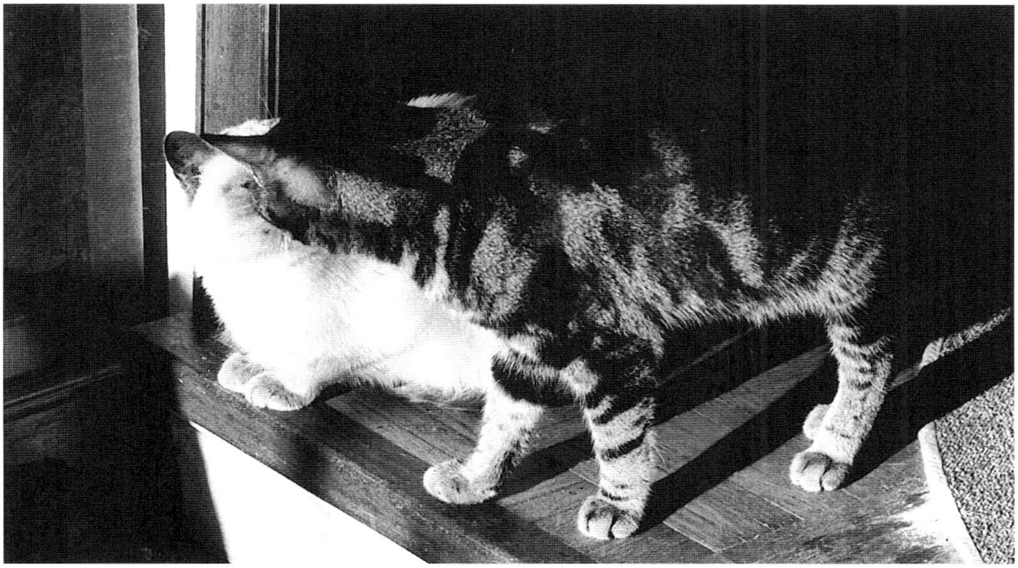

Harmonie im Haus: Wohnungskatzen setzen auf Koexistenz. Streitigkeiten sind selten, wer sich partout nicht riechen kann, bleibt auf Distanz, sonst aber bestimmt Nächstenliebe die heimische Szene.

Kapitel 5

PÜNKTLICH UM VIER IM REVIER

Beamter müßte man sein! Was manchem Menschen erstrebenswert scheint, gilt für Katzen allemal. Weniger wegen gesicherter Arbeitsplätze, verbürgter Pensionsansprüche oder sonstiger Vergünstigungen. Sondern einzig und allein, weil ein überschaubar geregelter Tagesablauf absolut nach Katzengeschmack ist. Das klingt erstaunlich angesichts des ungebundenen, keinen äußeren Zwängen unterworfenen Lebens, das wir Katzen häufig unterstellen. Nicht ohne ein bißchen Neid zu empfinden für dieses vermeintlich paradiesische Dasein.

Für uns symbolisieren selbst die häuslichsten Hauskatzen immer noch alles Katzenhafte, Wilde und Ursprüngliche dieser Welt. Und fast zwangsläufig übertragen wir die Vorstellung des Nichtzähmbaren und Vogelfreien auf sämtliche Lebensbereiche der Katze, die Gestaltung ihres Tagesablaufs und ihre Aktivitätsmuster inklusive. Doch gerade da liegen wir völlig falsch. Hat sich nämlich was mit wild und ungebunden! Katzen wären tatsächlich die geborenen Beamten. Oder mehr noch – und das möchte man ja keinem Staatsdiener an den Bürokittel heften: die perfekten Pedanten. Geregelt muß er sein, der Katzentag, geregelt und klar gegliedert. Nichts geht Katzen mehr gegen den Strich als plötzliche Abweichungen vom Gewohnten. Das gilt für die altvertraute Umgebung – ein Domizil, in dem die Hausfrau sich regelmäßig neue Möbelarrangements einfallen läßt, garantiert langfristig die schönsten Neurosen beim frustrierten Wohnungstiger –, das gilt vor allem aber für die Fixtermine des Katzentages. Für die Freigänger unter den Hauskatzen gehört die frühmorgendliche Inspektionsrunde im Revier zum Pflichtprogramm. Danach findet man sich neben dem Frühstückstisch der Familie ein, nicht ohne zuvor noch die Futternapffüllung dem Frischetest unterzogen zu haben. Strukturiert wird der Tag in der Regel durch die Lieblingsaktivitäten jeder Katze, auch wenn die mit Aktivsein wenig zu tun haben: die Ruhe- und Schlafphasen, die sich häppchenweise als Nickerchen über den ganzen Tag verteilen, mit meist ausgedehnter Siesta am späten Vormittag und während der Nachtstunden.

In aller Regel berücksichtigen Hauskatzen mit Familienanschluß bei ihren Terminplanungen den Lebensrhythmus und die Gewohnheiten ihrer Menschen. Vom späten Nachmittag bis zum Abend sind Katzen besonders aktiv und meist für längere Zeit im Revier unterwegs. Trotz aller aufregender Ereignisse in der

Blick übers Heimatland: Katzen kennen jeden Busch und jeden Baum in ihrem Lebensraum. Von erhöhter Warte läßt sich das Revier hervorragend kontrollieren.

Inspektion mit festem Zeitplan: Auf die Minute pünktlich startet die Revierbesitzerin allmorgendlich zur großen Runde.

Hellwach und voller Tatendrang: So schläfrig Katzen sonst sein können, auf dem Pirschgang entgeht ihnen nichts.

Vorgartenwildnis vergessen sie jedoch selbst bei der Mäusejagd offensichtlich nie den Blick zur Uhr und finden sich am Feierabend pünktlich auf die Sekunde zur Begrüßung ihres vom Büro heimkehrenden Partners ein. Ganz nebenbei: ein Beleg mehr für die außerordentlich intensive Beziehung zwischen Katze und Mensch. Daß der sich für den herzlichen Empfang mit einem Streichel- und Schmusestündchen revanchiert, gilt als ungeschriebenes Gesetz.

Dem unglaublichen Zeitsinn der Katze kommt man mit Erklärungsversuchen und Langzeitstudien nur schwer auf die Spur. Die »innere Uhr« tickt so exakt und sekundengenau wie ein Schweizer Präzisions-Chronometer, ein Phänomen mit unschätzbaren Vorteilen für den Katzenalltag. Vor allem bei Pirschgängen im Revier (dem Heimatbereich) oder im Streifgebiet (in dem die einzelne Katze keine Eigentumsrechte mehr geltend machen kann) erleichtert die Einhaltung fester Uhrzeiten das Leben wesentlich. Unliebsame Begegnungen mit eventueller Konkurrenz lassen sich so beispielsweise recht einfach vermeiden. Die richtige Uhrzeit entscheidet oft auch über Vorfahrts- und Wegerechte: Bei Begegnungen auf neutralem Boden oder an den Reviergrenzen zählt nämlich nur selten das Recht des Stärkeren. In Katzenkreisen laufen derartige Kontakte nach festen, oft komplizierten Regeln ab. Dabei spielt auch die Tageszeit eine Rolle. Ein Kater, den ein Artgenosse morgens um sieben bereitwillig passieren läßt, muß eventuell drei Stunden später an derselben Stelle so lange abwarten, bis der andere außer Sichtweite ist. Natürlich werden die tageszeitlich fixierten Verkehrsregeln von Stimmungslagen oder Umgebungsvarianten überlagert und verändert. Dabei können Tagesform, Hunger, sexuelle Bedürfnisse, aber auch Wetter und Jahreszeit eine Rolle spielen. Hätten die Katzen das

Hausrecht: Heimatgefühle stärken das Selbstbewußtsein. Im eigenen Revier behaupten sich selbst zarte Kätzchen.

Neugier und ein feines Näschen: Was immer sich in ihrer Privatsphäre abspielt, die Revierbesitzerin will es genau wissen und geht der Sache behutsam, aber mit Nachdruck auf den Grund.

Sagen, müßte in ihrem Revier stets alles beim alten bleiben. Dann weiß man, was man zu erwarten hat und ist vor unliebsamen Überraschungen sicher. Wenn eine Jägerin um punkt vier Uhr nachmittags beim Aufbruch zum täglichen Pirschgang von ihrem erhöhten Aussichtsplatz am Revierrand beobachtet, wie Nachbars Kater vereinbarungsgemäß gerade das Feld räumt, ist die Welt in Ordnung.

Das Nachmittagsbeispiel für den Jagdausflug kommt nicht von ungefähr. Die wahrscheinliche Stammutter der Hauskatze, die Afrikanische Falbkatze, ist überwiegend nachts auf Achse. Viele Menschen sind überzeugt, daß auch unsere Katzen noch dämmerungs- und nachtaktiv sind. Eine Katze, die auf heimlichen Pfaden in der Dunkelheit verschwindet – ein liebgewordenes, immer wieder beschworenes Bild. Von dem wir uns endlich verabschieden sollten, weil die Hauskatzen sich nämlich längst umgestellt haben. Offensichtlich als Resultat des Zusammenlebens mit dem Menschen passen sie sich zunehmend enger unserem Tagesrhythmus an. Aktuelle Untersuchungen zu Aktivitätsmustern und -schwerpunkten von Hauskatzen machen die Verschiebung deutlich. Eine Vierjahresstudie zum Jagdverhalten belegt zum Beispiel, daß Katzen kaum mehr als 30 Prozent ihrer Beutetiere während der Nachtstunden, 50 Prozent davon jedoch am Tag und 20 Prozent in der Morgen- oder Abenddämmerung fangen. Insgesamt entfallen über 60 Prozent der aktiven Zeit einer Katze auf den Tag, während die Schlafphasen zu 80 Prozent zwischen Abend und Morgen liegen. In der warmen Jahreszeit gehen Hauskatzen durchaus auch nachts auf die Jagd, im Winterhalbjahr ist das eher die Ausnahme. Hier konzentrieren sich die Aktivitäten nahezu ausschließlich auf die meist wärmeren Nachmittagsstunden.

Was eine Hauskatze als Gegenleistung für ihre bereitwillige Anpassung an unsere Zeiteinteilung erwartet, läßt sich leicht beschreiben: Zuverlässigkeit, Pünktlichkeit, Regelmäßigkeit. Katzen sind geduldige und oft auch nachsichtige Geschöpfe, doch in Terminsachen kennen sie kein Pardon. Wer bei der Futterversorgung seines Wohnungstigers nachlässig ist, wer öfter spät abends oder gar nicht nach Hause kommt, wer in der Hektik des Alltags allzu häufig das übliche Schmusestündchen vergißt, der wird bestraft. Zumindest mit Nichtachtung als der niedrigsten Stufe des Katzenprotestes. Die Beleidigte zu spielen ist für Katzen eine leichte Übung. Meist lassen sie ihren Besitzer deutlich spüren, daß er für sie Luft ist, und wenden ihm konsequent und oft über längere Zeit den schönen Rücken zu. Das kann jeder bestätigen, der einmal zur Unzeit die Haustür öffnet, sich auf eine herzliche Begrüßung einrichtet, seine Katze aber erst eine halbe Stunde später unter dem Wäscheschrank entdeckt. Oder sie reglos auf dem Fensterbrett sitzen und unverwandt in den Garten starren sieht. Bei verschärftem Protest ist nicht nur die Katze beleidigt, sondern auch unsere Nase. Dann wird die Strafaktion nämlich anrüchig. Vernachlässigte Tiere verewigen sich überall, wo es ihnen paßt und wo es nicht erlaubt ist: im Flur, auf dem Teppich, gerne auch im Bett. Nur nicht in der Katzentoilette. Unsauberkeit aus Protest kann zum großen Problem werden. Erstens, weil Hauskatzen Fehlverhalten oder Kränkung durch ihre Bezugsperson offensichtlich nur sehr schwer verkraften und vergessen können. Zweitens, weil von einem einmal gewählten Örtchen dank intensiver Duftspuren fast magische Anziehungskräfte ausgehen und zur Wiederholungstat verleiten. Drittens, weil Katzen ganz einfach die geborenen Gewohnheitstiere sind. Das Märchen vom wilden, ungebundenen und chaotischen Leben der Katze sollte man folglich genau als solches ansehen. Eine Erkenntnis von durchaus wissenschaftlichem Interesse für die Verhaltensforschung, aber auch für jeden Katzenhalter, der seinem kleinen Hausfreund eine harmonische und glückliche Partnerschaft bieten möchte.

Kleine Welten: Das weite Land auf unserem Foto täuscht, ein Katzenrevier reicht – je nach Topographie und arteigener Konkurrenz in der Nachbarschaft – kaum weiter als bis zum übernächsten Hinterhof.

Kapitel 6

DIE MIT DER MAUS TANZT

Miezen mögen Mäuse. Wahrlich keine brandneue Weisheit. Daß die Liebe zu den Nagern weniger durch den Magen geht, als zum seelischen Wohlbefinden der Katze beiträgt, können Sie in Kapitel 2 »Brauchen Katzen Mäuse zu ihrem Glück?« nachlesen. Wie auch immer: Die Jagd gehört zum Katzenleben wie der Schlaf oder die Knabberkost im Futternapf. Anschleichen und Anspringen, Ergreifen und Spielen mit der Beute, Töten, Schütteln, Wegtragen und Aufessen sind feste, wenn auch in Dauer und Intensität variable Bestandteile des Jagdzyklus. Das Beutefangverhalten der Katzen ist eine angeborene Handlungsweise. Sämtliche Komponenten kann man schon beim spielerischen Beutemachen der Katzenkinder beobachten. Perfektioniert wird die Jägerei allerdings erst mit zunehmendem Alter durch, neudeutsch ausgedrückt, learning by doing: über die Mutter als Lehrmeisterin, die geeignetes »Übungsmaterial« mit nach Hause bringt, resp. durch eigene Jagderfolge, aber auch Mißerfolge.

Miezen mögen Mäuse. Aber nicht nur. Denn grundsätzlich haben Hauskatzen an jedem lebenden Tier Interesse, das nicht größer ist als sie selbst. Meist stellen jedoch Ratten und vergleichbar große Beutetiere die selbstauferlegte Obergrenze dar. Ansonsten ist man nicht wählerisch. Ob Stubenfliege, Heuschrecke, Frosch, Kröte, Eidechse, Schlange und Vogel: sie alle aktivieren den Jagdinstinkt einer Katze. Das gilt für Eichhörnchen, die auf den Boden herunterkommen, allerdings so gut wie nie verzehrt werden, aber auch für Spitzmäuse und Maulwürfe. Im Kampf mit ausgewachsenen Wanderratten macht's die Erfahrung: Hier zählen weniger Größe und Kraft, sondern Mut und Unerschrockenheit. Oft genug lassen Katzen von Ratten ab, wenn sie die widerspenstige Beute nicht sofort sicher im Genick packen können. Dann nämlich wendet sich die Ratte meist um und springt der Angreiferin quietschend mitten ins Gesicht. Ein Verhalten, das überhaupt nicht ins Beuteschema einer Katze paßt. Resultat: Das »aufmüpfige« Beutetier hat oft genug Erfolg mit seiner beherzten Gegenattacke. Viele Katzen lassen ab oder fliehen gar. Selbst anerkannt rattenscharfe Haustiger beschränken sich daher meist auf kleinere oder junge Wanderratten, bei denen das abschreckende Abwehrverhalten noch nicht voll ausgeprägt ist.

Hat die Katze ein Beutetier geortet, läuft sie in stets gleicher, unverwechselbar geduckter Haltung darauf zu. »Schleichlaufen« nennen

Mäuse machen Miezen munter. Ob im vollen Einsatz (oben links) oder beim Lauern auf die Beute: Die Jagd auf Mäuse setzt bei der Katze aufgestaute Energien frei. Im nachfolgenden ausgelassenen Tanz ums Beutetier baut die Jägerin die Anspannung der Jagd wieder ab. Zur Deckung des täglichen Nahrungsbedarfs hingegen reichen die armseligen Mäuschen, die eine jagderfahrene Hauskatze fängt, in keiner Weise aus.

Katzenforscher diese jagdtypische Bewegungsweise. Je nach Geländeformation und Dekkungsangebot nimmt die Jägerin in zwei bis fünf Metern Entfernung Lauerstellung ein: Der Körper liegt flach am Boden, die Vorderbeine sind angewinkelt, die Ellenbogen ragen über die Schulterblätter hinaus, der Schwanz zuckt verhalten, die Schnurrhaare sind abgespreizt, die Ohrmuscheln nach vorne gerichtet. In dieser Haltung beobachtet die Katze ihre Beute unverwandt oft mehrere Minuten lang. Manchmal folgt ein zweiter Annäherungsschleichlauf zu einer noch näheren Lauerposition, bis schließlich der Angriff vorbereitet werden kann: Die Hinterbeine schieben sich zurück, die Hinterpfoten zucken rhythmisch, die Schwanzspitze schlägt heftig. Jetzt startet die Katze zum Sprung. Eigentlich mehr zum finalen Sprunglauf, denn der Satz auf die Beute besteht stets aus mehreren flachen Sprüngen. Ausnahme: die Mäusejagd im hohen Gras. Ähnlich einem Fuchs praktiziert die Katze hier den Bogensprung, der ihr im unübersichtlichen Gelände besseren Überblick und schnellere Zielerfassung erlaubt. Bei der üblichen, flachen Sprungsequenz jedoch bleibt der allerletzte Satz fast immer sehr kurz, wobei die Hinterbeine in der Regel den Kontakt zum Boden nicht verlieren. Vorteil: Selbst mitten in der Aktion können Richtung und Länge des Sprungs noch verändert werden, falls die Beute etwa eine unerwartete Bewegung macht. Beim Fangversuch auffliegender Vögel zum Beispiel zahlt sich die lange Bodenhaftung allemal aus.

Wie alle ähnlich kleinen Beutetiere packt die Katze eine Maus direkt mit dem Gebiß. Meist wird das Zubeißen vom Hieb einer Tatze begleitet, seltener von beiden. Im Idealfall erfolgt der Biß in Hals oder Nacken, wobei die Eckzähne in den Schulter- und Brustbereich vordringen und in der Regel zum sofortigen Tod des Tieres führen. Nicht selten muß aller-

Das andere Gesicht der Schmusekatze: Bei der Jagd wandelt sich die Hauskatze zum perfekten Raubtier.

dings nachgefaßt werden, weil der Erstbiß nicht perfekt sitzt. Position und Bewegung der ergriffenen Beute werden dabei nicht nur optisch, sondern auch mit den nach vorne abgespreizten Schnurrhaaren kontrolliert. Bewegt sich das Jagdopfer nicht mehr, wird es zuerst einmal abgelegt. Direkt am Ort des Fangs beginnt eine Katze nur sehr selten zu essen. Fast immer wandert die erfolgreiche Jägerin eine kurze Zeit umher, so als wollte sie sich mit den Örtlichkeiten vertraut machen. Ein Verhalten, das sie manchmal noch um ihre sicher geglaubte Mahlzeit bringt. Dann nämlich, wenn nicht lebensgefährlich verletzte Beutetiere anfangs bewegungslos liegenbleiben, aber schleunigst das Weite suchen, sobald die Katze sie während ihres kleines Ausflugs einen Augenblick unbeachtet läßt.

Zur Beutefanghandlung gehören immer auch die Beutespiele. Im Spiel nimmt die Katze Bewegungs- und Verhaltenskomponenten verschiedener Funktionskreise der Jagd auf. Typisch fürs Spiel mit der Beute, gleichgültig ob mit lebender oder toter: Die einzelnen Bewegungsabläufe werden frei miteinander kombiniert, können aber auch jederzeit abgebrochen werden. Beim »Haschen« wird die Beute mit den Tatzen über den Boden getrieben, gepackt, in den Mund genommen, getragen, abgesetzt und wieder per Pfote vorwärtsbewegt. Beim meist anschließenden »Fangballspiel« angelt die Katze mit der Tatze nach der Maus, ergreift sie mit den Zähnen und schleudert sie hoch in die Luft. Ein Spiel, das sich mehrfach wiederholen kann und selbst von Katzen in Szene gesetzt wird, die lange Zeit ohne Beute auskommen

Nachsetzen zur Nachsuche: Vor allem im hohen Gras liegt die Erfolgsquote der Mäusejägerin niedrig. Häufig genug muß sie einen zweiten und dritten Versuch starten, um den gewitzten Nager doch noch zu schnappen.

mußten. Nicht selten gehört zu diesem Abbau der während der Jagd aufgestauten Erregung ein aus menschlicher Sicht grausam und makaber anmutender Tanz mit dem Opfer: In hohen Sätzen umspringt und überspringt die Jägerin ihre Beute und schlägt manchmal zwischendurch auch nach ihr. Offensichtlich stellen die Sprungkapriolen das geeignete Ventil dar, um den Druck besonders starker Anspannung zu senken, wie sie etwa beim Kampf gegen gefährliche und große Beutetiere auftreten kann. Allen Spielformen gemeinsam sind die unübersehbaren und übersteigerten Aktivitätsschübe, gleichzeitig aber auch die deutliche Hemmung der Tötungsabsicht. Beißt die Katze während des Spiels tatsächlich einmal in die echte oder künstliche Beute, hinterlassen ihre Zähne kaum sichtbare Spuren. Das spricht dafür, daß alle Fangbewegungen (auch die spielerischen) mehr oder minder unabhängig vom Tötungsinstinkt ablaufen. Auslöser für diese Spielsequenzen sind nicht nur echte Beutetiere: Genauso wie eine Katze mit Hingabe Jagd auf Wollknäuel, Papierkugeln oder Spielzeugmäuse macht, kann sie an diesen Ersatzobjekten auch ihren Spieltrieb abreagieren. Für manchen Katzenbesitzer, der eine unausgelastete, nervtötende oder gar erkennbar neurotische Katze sein eigen nennt, sicher eine wegweisende und praxisgerechte Information. Mit einfachen Mittel kann er seiner Hausfreundin verläßlich zum ausgeglicheneren Seelenleben verhelfen. Dazu braucht es selten mehr als ein überschaubares Angebot an Spielutensilien, etwas Phantasie und natürlich das tägliche halbe Stündchen, das man regelmäßig, freiwillig und mit voller Aufmerksamkeit ausschließlich seiner Katze widmet. Eine Originalmaus muß jedenfalls nicht unbedingt bemüht werden, um ihre Jagdleidenschaft zu wecken oder sie zu einem ausgelassenen Spitzentanz auf dem Wohnzimmerteppich zu animieren.

Ganz Auge und Ohr: Das Objekt der Begierde ist fixiert (oben). Tanz mit der Beute: So baut die Katze die Anspannung der Jagd ab (unten).

Kapitel 7

MEHR
ALS NUR MIAU

Miau sagt die Katze. Meinen die meisten von uns. Natürlich liegen sie damit nicht falsch. Doch wer das Maunzen für den einzigen und ausschließlichen Laut der Katzensprache hält, irrt sich nicht nur ein bißchen, sondern ganz gewaltig. Sieht man einmal von plapperfreudigen Papageien ab, die im Nachahmen von Tier- und Menschensprache und als unermüdlich aktive Lautverstärker für tausenderlei Geräusche ihre Lebensaufgabe gefunden haben, gibt es nach dem Menschen kaum ein anderes Lebewesen mit einem umfangreicheren Sprachschatz wie die Hauskatze. Was wunder nimmt, wenn man bedenkt, daß Katzen – wenn auch weitaus weniger einzelgängerisch als gemeinhin angenommen – einen Großteil ihres Tages ohne Kontakt zu Artgenossen mit Streifzügen durchs Revier und Jagdausflügen zubringen. Ein Herden- oder Rudelwesen ist die Katze jedenfalls nicht. Wozu also das umfangreiche Lautrepertoire? Wozu die erstaunliche Fähigkeit, die Grundmuster der Katzensprache zigfach zu variieren und modulieren?

»Kätzisch für und mit Menschen« ist eine eigenwillige und an speziellen Bedürfnissen ausgerichtete Sprache. Beileibe kein Kunstprodukt, sondern eine Sprache, die für einen bestimmten Lebensabschnitt der Katze typisch ist: für ihre Babyzeit. Denn Katzen, die mit dem Menschen zusammenleben, behalten ihren Katzenkinderstatus bei. Sie bleiben zeitlebens Babys, die von uns gepflegt, gefüttert und beschützt werden wollen. Wer sich wie eine Jungkatze verhält, spricht auch wie eine Jungkatze: Hauskatzen unterhalten sich mit ihren Menschen in der Katzenbabysprache. Charakteristischer Laut: Miau. In allen Variationen und Klangfarben.

Max ist ein makelloses Mannsbild, ein ganzer Kerl von einem Kater. Und doch brabbelt der ungekrönte Rambo aller umliegenden Katzenreviere zu Hause nur in Babykätzisch. Wenn's etwa darum geht, seine Besitzerin zur vorzeitigen Futterausgabe zu animieren, überfällige Streicheleinheiten einzuklagen oder um Nachsicht für unsauberes Toilettenverhalten einzukommen. Bei den wilden Katzen spielt Miau nur eine Nebenrolle, bei der häuslich gewordenen Verwandtschaft hat es sich zum Brot-und-Butter-Wort entwickelt. Mit gleichermaßen nuancenreicher wie situationsspezifischer Ausdruckspalette: vom bettelnden und um Entschuldigung bittenden Miau über das ängstliche und wehklagende Miau bis hin zum heftig fordernden und herausfordernden Miau.

Krach im Karton: Die Lautsprache der Katze ist immer gekoppelt mit der dazugehörigen Mimik und Körpersprache.

Verständlich auch ohne Worte: Schmusebereitschaft und Zufriedenheit signalisiert diese Katze allein durch ihre Körperhaltung.

Die Hauskatze ist ein Wesen zweier Welten: Hier die Partnerin des Menschen, die sich ihm aus völlig freien Stücken angeschlossen hat und deren Bindung an uns – verblüffend genug – nahezu immer enger und unverbrüchlicher ist als ihre Zuwendung zur arteigenen Verwandtschaft. Dort das perfekte Raubtier, dessen Jagdinstinkt stets auf der Lauer liegt, dessen Sinne noch genauso hellwach sind wie zu Zeiten der altägyptischen Urmutter Falbkatze. Die Wissenschaftler haben herausgefunden, daß Haustiere im Vergleich mit ihren wilden Stammformen eindeutig weniger entscheidungsfreudig, erfinderisch, anpassungs- und lernfähig sind. Mit einem Wort: Sie sind dümmer! Die Ursachen liegen auf der Hand: In freier Natur sind Köpfchen und ständiges Hirntraining gefragt, wenn man überleben will, bei den Haustieren hingegen übernimmt der Mensch das Denken und sorgt für ihr Wohlergehen. Eine Erkenntnis, die auf alle Haus- und Heimtiere zutrifft. Am allerwenigsten jedoch auf die Hauskatze. Sie hat sich ihr wildes Erbe fast unverfälscht erhalten. Und wer so wie sie gleichzeitig in unterschiedlichen Welten lebt und unterschiedliche Verhaltensweisen zeigt, der spricht zwangsläufig auch unterschiedliche Sprachen. Die ganz besondere Zwiesprache mit dem Menschen nämlich und die arttypisch-ererbte Sprachform, die zurückreicht bis in graue Katzenvorzeiten.

Sprechproben aus der Katzenwildnis hört man im Haus meist nur selten. Es sei denn, ein aufdringlich-naiver Hund tapst unversehens ins geheiligte Heimatrevier der Katze: Kann unsere Katze – der Klügere gibt nach – nicht weglaufen oder läßt sich kein passendes Versteck finden, fängt sie zu spucken und zu fauchen an. Um zwischenzeitlich und zusätzlich merkwürdig tiefe Heultöne zu produzieren, lautmalerisches Indiz eines Zwiespalts von Furcht und aggressiver Stimmungslage. Das

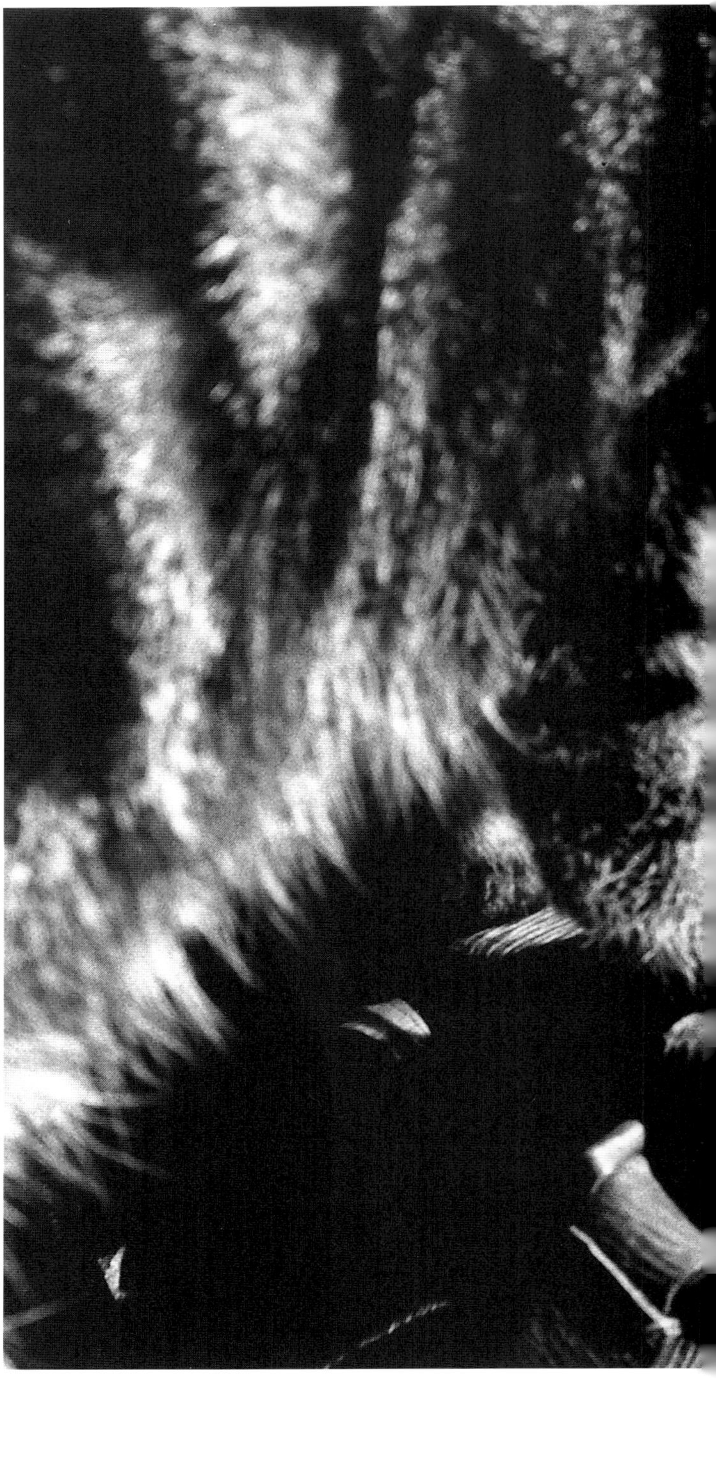

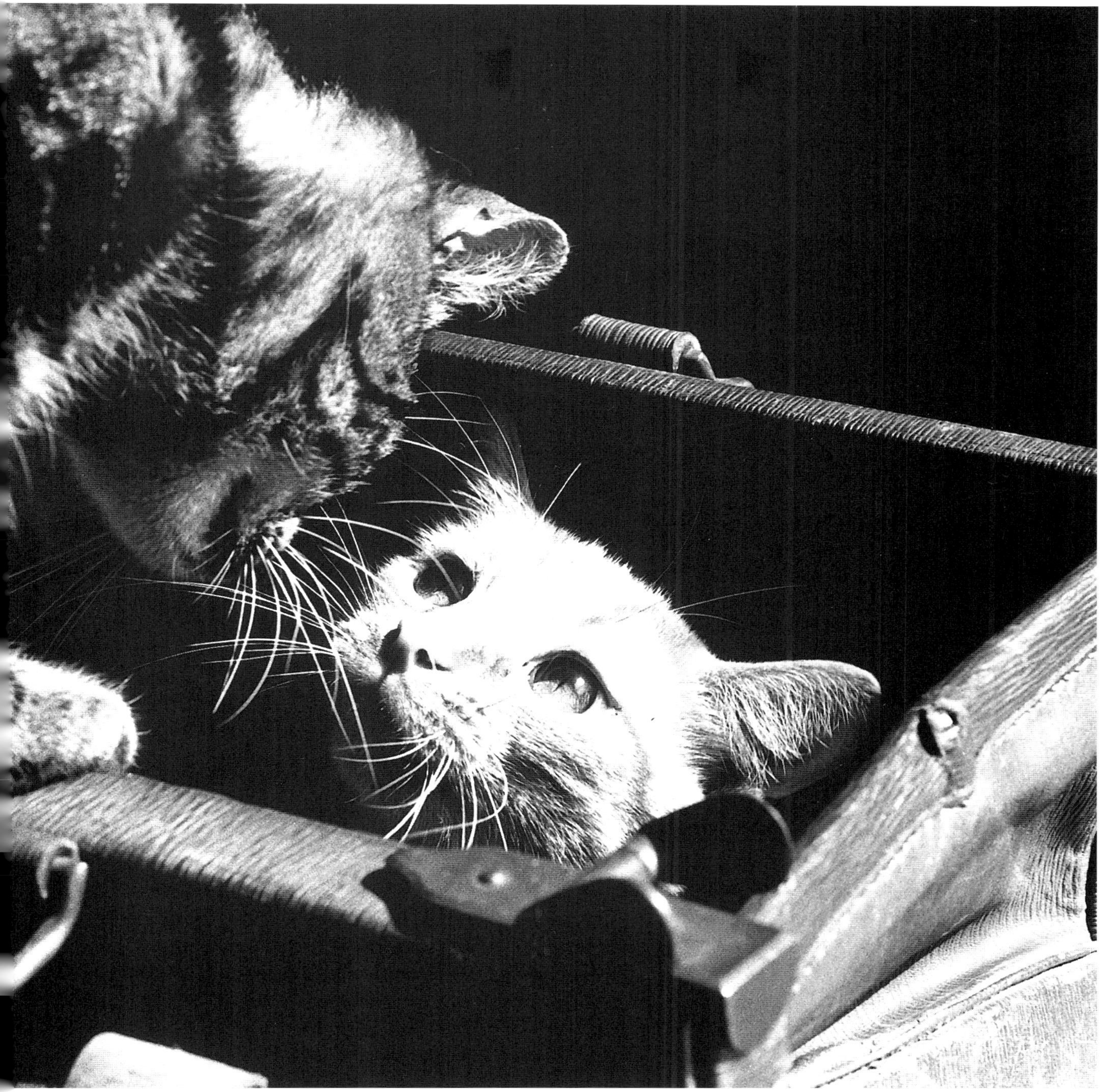

Böser Blick und böse Worte: Einen wenig freundlichen Empfang bereitet die Kofferbewohnerin ihrer Kollegin.

Plappermaul: Im Foto leider kaum festhalten läßt sich die typische Mundstellung, mit der eine Katze in schneller Folge gedämpft-keckernde Laute von sich gibt. Anlaß dafür ist meist ein Vogel, der ihr ungeteiltes Interesse findet.

Fauchen und Spucken erinnert frappierend an das Zischen einer in die Enge getriebenen Schlange und zeigt selbst bei übermächtigen Angreifern oft genug nachhaltig einschüchternde Wirkung. Sprechprobenbeispiel Nummer zwei: Szenen einer Möchtegern-Vogeljagd auf der Fensterbank. Wegen der geschlossenen Fenster endet für die Stubentiger das Pirschszenario auf Amsel und Spatz bereits vor dem Startversuch. Allerdings nicht ohne das typisch schnatternde Begleitgeräusch, das die vom Jagdfieber überwältigten Vogelliebhaber angesichts der verlockenden Beute abgeben. Das gedämpfte Schnattern hat schon viele, bislang leider kaum stichhaltige Deutungen über sich ergehen lassen müssen.

Die Rufe liebeshungriger bis liebestoller Kater kennt jeder. Die volltönend-durchdringende Wirkung der nächtlichen Balzarien kann keiner bestreiten, dem die lautstarken Ständchen schon einmal den Schlaf raubten. Als wohltönend wird jedoch höchstens eine Katzendame die Darbietungen einstufen. Für uns ist es schlichtweg Ruhestörung, vor allem, wenn sich noch konkurrierende Freier lautstark in die Wolle geraten. Katzen sind sanfte Wesen. Vielleicht ist's als Kontrastprogramm konzipiert, daß sie gerade in Liebesdingen von Zärtlichkeit und Schmusestündchen nur selten etwas wissen wollen. Selbst beim Paarungsakt ist noch Zoff angesagt, und der Herr Kater probt den schnellstmöglichen Abstieg, will er sich nicht von der Dame seiner Wahl schmerzhafte Backpfeifen einhandeln. Was wunder, daß die wüsten Aktionen von dramatischem Gezeter und Geschrei begleitet werden.

Weitaus friedfertiger und sanfter geht es zwischen Katzenmutter und Katzenkindern zu. Ein Mitteldding von leisem Zwitschern und hilfeheischendem Fiepen ist der Stimmfühlungslaut, der für schnelle Familienzusammenführung sorgt, falls sich Mama und Jungvolk einmal aus den Augen verloren haben. Die Probe aufs Exempel kann man übrigens selbst machen und mit hohen Fieptönen eine Katze, aber auch den Hund des Hauses zu sofortiger Hilfsaktion animieren. Zumindest wird einem der eilige Samariter tröstend und voller Inbrunst mit der Zunge mitten durchs Gesicht fahren. Dem Hilferuf alleingelassener Kätzchen ähneln die Klage- und Schmerzenslaute der erwachsenen Katzen. Katzen im Haus hingegen verfallen auch in solchen Notsituationen wieder ins Kleinkindliche und bitten die befreundete Über-Katze per Babysprache um Beistand und Schutz. Katzentypisch ist die extreme Variationsbreite und Differenzierung der Basissprache. Nicht nur beim Miau, sondern beispielsweise auch bei den Aggressionslauten. Hier reicht die Ausdruckspalette von abschreckendem Fauchen und Jaulen über nervtötendes, schmerzhaft-durchdringendes Kreischen bis zu bedrohlich-einschüchternden Kehl- und Gurgellauten. Jede Tonfolge kann dabei vielfach verändert und in unterschiedlichen Intensitäten produziert werden.

Selbst in der ohnehin schon fremdartigen und vielgestaltigen Welt der Katzensprache ist das Schnurren etwas Eigenständiges und Merkwürdiges. So außergewöhnlich, daß ihm die Katzenforscher lange Zeit nicht auf die Schliche kamen. Daß Schnurren etwas mit Zufriedenheit und Glück zu tun hat, weiß jeder, der schon einmal eine Katze gestreichelt hat. Daß Schnurren aber viel mehr ist und viel mehr ausdrücken kann, können Sie im Kapitel über »Das Rätsel des Schnurrens« nachlesen. Auch wenn wir heute übers Schnurren im besonderen und die Katzensprache im allgemeinen eine Menge gelernt haben, bleiben doch viele Fragen offen. Alles andere wäre auch verwunderlich. Angesichts eines Tieres, das uns immer wieder neue Rätsel aufgibt, je öfter und intensiver wir uns mit ihm beschäftigen.

Mutterseelenallein: Von seiner Katzenmama, den Geschwistern und überhaupt der ganzen Welt verlassen fühlt sich dieses Katzenkind. Und zeigt seine Angst und Not unüberhörbar mit piepsigem Wehklagen.

Kapitel 8

DIE WUNDERSAME WELT DER KATZENAUGEN

Sie waren untrennbar mit Hexen und Zauberern verbunden, galten als leibhaftige Verkörperung der rätselhaften Sphinx, wurden für Blutsverwandte lichtscheuer Kobolde gehalten: Über viele Jahrhunderte mußten Katzen mit Vorurteilen leben und unter Anfeindung und Verfolgung leiden. Ihr heimliches Leben in Dämmerung und Dunkelheit, ihre erstaunlichen, zum Teil unerklärlichen Sinnesleistungen, die ihnen nachgesagte Fähigkeit, drohendes Unheil und Naturkatastrophen vorauszuahnen, haben immer wieder unsere Urängste geschürt und Raum gelassen für alptraumhafte Phantasien und schwarze Magie. Vielen Menschen waren Katzen schlichtweg Teufelswerk, und selbst heute noch machen manche furchtsame Zeitgenossen einen großen Bogen um jede Straßenkatze. Von allem Unheimlichen und Unerklärlichen waren die im Lichtschein widerleuchtenden Augen einer nächtens umherstreifenden Katze sicher das Unheimlichste und Unerklärlichste. Angesichts der beiden irritierend und unvermittelt aufflackernden Feueraugen kann die Assoziation mit Beelzebub und dem Widerschein der Hölle kaum verwundern.

Vom Teufelswerk ist wenig geblieben, und trotzdem oder gerade deshalb ist uns ob all der wundersamen Fähigkeiten und Fertigkeiten einer Katze das Staunen nicht vergangen. Die Feuer in den Katzenaugen sind nicht erloschen, aber sie haben ihre nüchtern-wissenschaftliche Erklärung gefunden. Doch bevor wir das erstaunliche Auge der Katze auf seine Dämmerungsleistung testen, sollten wir es bei Licht betrachten: Katzen sind in erster Linie Augenwesen. Das haben sie mit dem Menschen gemein. Der optische Sinn bestimmt ihr und unser Leben. Verständlich, daß wir uns weitaus besser in die Sehwelt einer Hauskatze hineinversetzen können als etwa in die Riechwelt eines Hundes, die uns – in Sachen Schnupperleistung rangiert der Mensch auf den hinteren Plätzen – immer fremd bleiben wird. Katzen sind in vielerlei Hinsicht perfekte Tiere und perfekte Raubtiere. Auf leistungsstarke Ohren und ein sensibles Näschen können sie gar nicht verzichten, wenn sie in ihrem Lebensraum und speziell bei der Jagd Erfolg haben wollen. Doch trotz dieser hochentwickelten Sinne bestimmt das Sehen ihr Leben.

Katzenaugen ähneln Weitwinkelobjektiven: Das Blickfeld umfaßt mehr als 180 Grad. Ohne den Kopf zu wenden, nimmt die Katze innerhalb dieser Fläche selbst kleinste Bewegungen

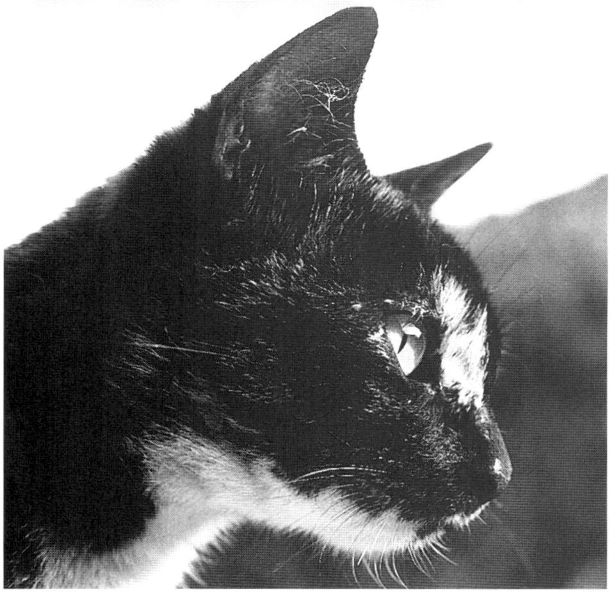

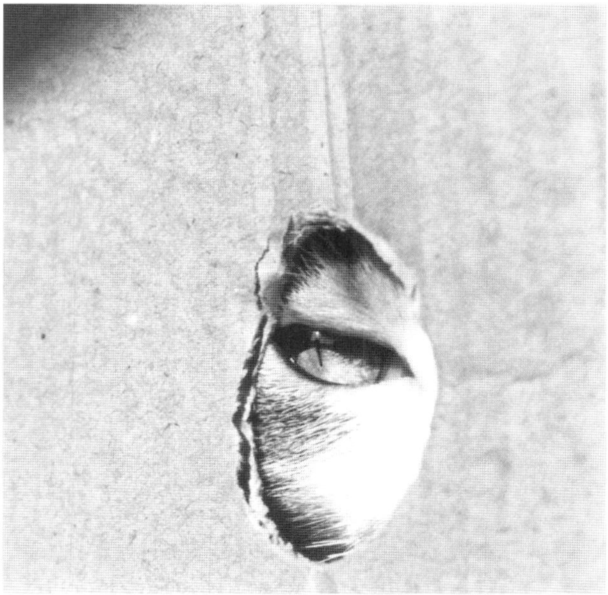

Augen-Blicke: Katzen haben ein hervorragendes Gehör, ein sensibles Näschen und einen hochentwickelten Tastsinn. Doch in erster Linie sind sie Augentiere.
Ihr optisches Gedächtnis speichert Wegmarken und vertraute Strukturen und garantiert sowohl schnelles Heimfinden wie die problemlose Orientierung im Revier.

wahr. Im Randbereich, wo sich die Sehfelder der Augen nicht überlappen, sieht sie zwei-, in der zentralen Zone dreidimensional. Das frontale, stereoskopische Sehen ermöglicht ein zentimetergenaues Abschätzen der Entfernung, die unabdingbare Voraussetzung fürs Beutemachen. Der Blick nach links und rechts bis fast hinter die Ohren hingegen ist so etwas wie die optische Lebensversicherung einer Katze: Hier entgeht den Augen kein noch so geschicktes Anpirschen eines möglichen Feindes. Dabei ist Sehschärfe nicht die Sache des Katzenauges. Der Mensch ist ihr darin eindeutig überlegen. Scharfstellen macht für das Auge der Jägerin nur dort besonderen Sinn, wo es wirklich nötig ist: in einer Entfernung von zwei bis sechs Metern nämlich. Dort spielt sich das wahre Leben ab! Oder auf kätzisch: Dort tanzt die Maus. Beim Anpirschen nähert sich die Katze ihrer Beute in der Regel bis in diesen Nahbereich, bevor sie zum Sprung ansetzt. Und dessen exakte Weite wird zuvor optisch vermessen. Auch außerhalb dieses Schärfefeldes bleibt ihr keine Bewegung verborgen. So erkennt eine Katze ihren vertrauten Menschen an Bewegungsweise und Körperumriß noch auf 100 Meter Entfernung. Unbewegtes hingegen wird nur undeutlich und beiläufig registriert oder völlig übersehen. Mäuse scheinen um diese Eigenheit zu wissen: Verharren sie angesichts ihrer Todfeindin regungslos, weil das rettende Mauseloch zu weit entfernt ist, sind sie für die Jägerin nicht selten einfach Luft. Gleiches gilt für Beutetiere, die sich unterhalb der Zwei-Meter-Distanz aufhalten oder einer Katze fast über die Pfoten laufen: Die beachtet sie meist überhaupt nicht. Hierfür kann natürlich auch der fehlende Auslöser für den Jagdinstinkt mitverantwortlich sein. Tiere, die auf sie zu- oder zwischen ihren Beinen herumlaufen, gehören ganz gewiß nicht ins Beuteprogrammschema einer Hauskatze.

Augen für alle Fälle: In ihrer Anpassungsfähigkeit selbst an extreme Lichtverhältnisse sind Katzenaugen jeder Kameraoptik überlegen.

Katzenaugen machen die mangelnde Sehschärfe durch einen anderen Vorzug mehr als wett: Sie sind extrem lichtempfindlich. Ein entscheidender Pluspunkt für ein Raubtier, das – zumindest vor der verhaltensverändernden Einführung des Futternapfs – in Dämmerung und Dunkelheit auf die Jagd ging. Bei Tag allerdings muß das hochsensible Auge der Katze vor übermäßiger Helligkeit geschützt werden. Das Mittel der Wahl: Blendenautomatik. Was wir am Fotoapparat vor wenigen Jahren noch per Einstellrad oder Blendenring manuell vorgeben mußten, klappt bei Katzen seit ewigen Zeiten perfekt und vollautomatisch. Je nach Lichtintensität verändert sich die Pupille von voller, kreisrunder Öffnung im Dämmerlicht zum schmalen Schlitz in gleißender Sonne. Die Korrelation von Pupillengröße und Lichteinfall ist katzentypisch, die Mechanik allerdings – verantwortlich sind die Muskeln in der Regenbogenhaut – unterschiedlich. Beim Löwen zum Beispiel zieht sich die Pupille nicht zum Schlitz, sondern zum stecknadelgroßen Punkt zusammen.

Seine wahre Leistungsfähigkeit beweist das Katzenauge allerdings bei Restlicht, in Dämmerung und im Fast-Dunkeln. Dafür ist nicht nur die totale Pupillenerweiterung verantwortlich, sondern auch das Tapetum lucidum. Diese Gewebeschicht hinter der Netzhaut verstärkt und reflektiert jeden einfallenden Lichtstrahl. So ist die Dämmerungssehleistung der Katze sechsmal besser als die des Menschen. Das reflektierte Licht läßt das Katzenauge im Dunkeln aufleuchten. Was das Phänomen hinreichend erklärt, die Aura des Besonderen und Geheimnisvollen trotz allem aber nicht zerstören kann. Die Katzenforscher waren sich dessen offenbar bewußt, als sie der »Leuchttapete« im Augenhintergrund den Namen gaben: Tapetum lucidum darf man getrost mit »Gewebe des Luzifer« übersetzen.

Blendenautomatik inklusive: Je nach Lichteinfall und Lichtintensität verändert sich die Pupille im Katzenauge von voller, kreisrunder Öffnung in der Dämmerung und während der Nachtstunden zum schmalen Schlitz im hellen Sonnenschein.

Zwei Lichtzellentypen kommen in der Netzhaut des Säugetierauges vor: Zapfen und Stäbchen. Zapfen sind fürs Farbsehen und die Sehschärfe verantwortlich, Stäbchen für die Lichtempfindlichkeit. Bei Katzen gibt es überproportional viele Stäbchen, so daß nur noch wenig Platz für Zapfen bleibt. Dieses Wissen war lange Zeit mitverantwortlich für die Annahme, Katzen seien farbenblind. Inzwischen steht fest, daß auch Katzen in einer farbigen Welt leben. Offenbar orientieren die Tiere sich jedoch in erster Linie an Helligkeitsunterschieden, während Farben und Farbkontraste nur eine untergeordnete Rolle spielen. Da es die Lieblingsbeute unserer Hauskatzen beim grauen oder graubraunen Fell beläßt, ist das mangelnde Farbinteresse durchaus verständlich.

Daß ein solch hochentwickeltes Gebilde wie das Katzenauge nicht alleine vom Helligkeitswert gesteuert wird, liegt nahe. Der Blick ins Katzenauge erlaubt nämlich gleichzeitig auch einen Blick in die Seele. Verläßlicher als an Körperhaltung, Fellzustand oder Lautäußerung kann man die aktuelle Stimmungslage einer Katze an ihren Augen ablesen: Weiten sich die Pupillen bei Tageslicht (wo sie üblicherweise zum Schlitz zusammengezogen sind), dann ist die Katze deutlich erregt. Das kann zum Beispiel bei Wut über einen zudringlichen Artgenossen, aus Furcht vor Nachbars Hund oder als durchaus angenehme Erregung beim Anblick eines Leckerbissen der Fall sein. Bei aggressiven und überlegenen Katzen verengen sich die Pupillen bei Konfrontation mit dem Kontrahenten zum Schlitz, auch hier unabhängig von Hell oder Dunkel.

Nicht wenige Katzenliebhaber haben sich regelrecht ins unergründliche Grün oder aufregende Gelb der Augen ihrer Katzen verguckt. Bei aller Liebe und Faszination: Starren Sie Ihrer Katze bitte nicht unentwegt in die Augen! Selbst aufgeschlossene Menschenfreunde unter den Hauskatzen fühlen sich zumindest unwohl unter dem forschendmusternden Blick, und die sensibleren Naturen empfinden das Fixieren schlichtweg als Bedrohung. Ein paar Streicheleinheiten sind als Sympathiekundgebung viel willkommener. Wenn sich Ihre Katze dabei wohlig entspannt, dürfen Sie ihr gerne auch ins Gesicht schauen. Für den Augen-Blick kommen Sie jetzt allerdings zu spät. Weil Ihr Schmusetiger die schon längst voller Zufriedenheit geschlossen hat.

Kapitel 9

DER STOFF, AUS DEM EIN ZAUBERMANTEL IST

Nicht wenige Hundefreunde haben ein Erbarmen und greifen kurzerhand zur Schere. Um ihrem Bobtail, Bearded Collie oder Bouvier die Lockenpracht dort zu stutzen, wo sie allzu dicht über die Augen wuchert und den freien Blick trübt. Was beim salopp, aber treffend als Gardine bezeichneten Hundehaar höchstens eingefleischten Züchtern mißfällt, ist bei einer Katze grundsätzlich tabu. Leider passiert es dann und wann aber doch, daß Kleinkinder sich einer unbeaufsichtigten Schere bemächtigen und – voll spielerischem Tatendrang und ohne jede böse Absicht – der Katze des Hauses schnippschnapp die Schnurrhaare um die Hälfte kürzen. Beim Hund bleibt der Haarschnitt rein kosmetischer Natur, für Katzen hat er verheerende Folgen!

Katzen haben viele Haare, wenn man exotische Nackthaarzüchtungen einmal ausklammert. Wie viele es tatsächlich sind, hat noch niemand nachgezählt. Zum einen, weil die Haarpracht vom Vorhandensein der unterschiedlichen Haargrundtypen bei den einzelnen Rassen und natürlich von der jeweiligen Dichte und Beschaffenheit des Fells abhängt. Zum anderen, weil Katzen mehr oder minder regelmäßig vom Sommer- aufs Winterkleid und umgekehrt umsteigen, von reinen Indoor-Katzen abgesehen. Millionen sind es allemal, selbst bei Katzenrassen, denen bestimmte Fellanteile oder -strukturen weggezüchtet wurden. Zweihundert Härchen pro Quadratmillimeter kommen der Wirklichkeit sicherlich recht nahe. Zum kompletten Katzenfell gehören Vollhaar, Leit- und Grannenhaar. Leit- und Grannenhaar bilden als Deckhaar die »langen« Haare oberhalb der Vollhaare. Eindeutige Hauptaufgabe des Katzenfells ist die Thermoisolation: Schutz vor allzu großer Hitze und empfindlicher Kälte, aber auch Schutz vor Wind und Nässe. Anders als die vielgestaltigen Hunde sind sich die Katzenrassen im Körperbau bis auf wenige Ausnahmen sehr ähnlich. Im Fell jedoch gibt's erstaunlich deutliche Unterschiede: Typisch für Langhaarkatzen wie Perser oder Maine Coon sind extrem lange Deckhaare; Kurzhaar-Vertreter zeichnen sich durch nur wenige Zentimeter lange Deckhaare und oft durch karges Vollhaar aus; bei anderen Rassen wiederum ist das Oberfell ausgedünnt oder völlig zurückgebildet; bei der Nacktkatze schließlich blieb vom gesamten Fell nur noch ein spärlicher Daunenflaum. Zum Leben und Überleben in freier Natur ist der Originalpelz mit der ursprünglichen, wildkatzenähnlichen Struktur die erste Wahl. Viele Rassekatzen könnten Klimawechsel, Kälte, Regen, Schnee

Attraktiv und leger: Was wie ein simples Haarkleid aussieht, ist in Wirklichkeit ein Zaubermantel mit vielen Funktionen. Das Katzenfell hält Wind, Nässe und Kälte fern, ist ein guter Schutz vor kleineren Verletzungen und bremst bei einem Sturz von Balkon oder Mauer wie ein Fallschirm.

und Sturm auf Dauer wohl kaum trotzen. Darüber hinaus braucht vor allem der Langhaartypus regelmäßige Fellpflege, sollen die Haare nicht hoffnungslos verkleben und verfetten.

Die ganz besonderen Haare einer Katze allerdings sind allen gemeinsam, den Wald-und-Wiesen-Hauskatzen wie den seltensten und edelsten Rasseschönheiten: die Tasthaare. Mit Tasten allein ist es dabei wahrlich nicht getan. Die sogenannten Vibrissen sind ausgesprochene Vielzweckwerkzeuge zum Fühlen, Tasten und Spüren, zur Nahorientierung, zum Messen von Entfernungen und Luftdruckdifferenzen und zur Lagekontrolle von Beutetieren. Zu den Vibrissen gehört der Schnurrbart, gehören die harten und langen Haare auf den Backen, am Kinn, über den Augen und hinter den Vorderpfoten. Die Fähigkeit einer Katze, mit abgespreizten Schnurrhaaren Durchgänge und Schlupflöcher auf passierfähige Breite zu kontrollieren, ist bekannt. Daß dabei allerdings kein direkter Haarkontakt zum Objekt hergestellt werden muß, sondern Gegenstände berührungslos auf Nahdistanz wahrgenommen werden können, verblüfft sicher auch Katzenkenner. Die Wissenschaftler sind jedenfalls davon überzeugt, daß die Schnurrbarthaare selbst kleinste Veränderungen des Luftdrucks sowie auch Luftverwirbelungen und Strömungsunterschiede registrieren, wie sie nahezu jeder feste Körper verursacht: ein Radar- und Leitsystem auf sehr spezieller physikalischer Grundlage. Mindestens ebenso lebenswichtig für die Katze: Beutefang bei Dunkelheit hat nur mit intaktem Schnurrbart Aussicht auf Erfolg. Bereits beim ersten Zubeißen kontrollieren die Vibrissen die genaue Position und Bißrichtung. Trägt die Jägerin ihr Opfer schließlich vom Fangort weg, geben ihr die wie ein Handschuh um die Beute gelegten Schnurrhaare fortlaufend alle nötigen Informationen über dessen Lage und seine eventu-

200 Haare pro Quadratmillimeter. Nur zwei haarfreie Stellen gibt es bei der Katze: den Nasenspiegel und die Pfotenballen.

ellen Abwehr- oder Fluchtbewegungen. Die Vibrissen im Stirnbereich lösen schon bei leichtester Berührung reflexartig das Schließen der Augen aus und verhindern so mögliche Hornhautverletzungen. Möglich sind derartige Sofortreaktionen nur, weil die Vibrissen mit einer Vielzahl von Nervenbahnen verbunden sind, über die alle Informationen zu ihrer Zustands- und Lageänderung in Sekundenbruchteilen weitergeleitet werden.

Dem Katzenbart als Informationssystem kommt die zentrale Bedeutung zu. Zusammen mit den anderen Antennenborsten im Gesichtsfeld übernimmt er die entscheidenden Frühwarn- und Orientierungsaufgaben. Ohne ihre Schnurrhaare wäre eine Katze auf der Pirsch und Jagd im Finstern hilf- und erfolglos. Die kindlich-naive Scherenattacke auf ihre Barthaare führt zur Desorientierung der verletzten Tiere und daher tatsächlich zur Katastrophe. Bei der Namensgebung der Barthaare dachte man übrigens offensichtlich an die Schnurrbartzierde des Mannes. Trotz ihrer vielen Fähigkeiten können die Schnurrhaare

Der Katzenbart als Informationssystem: lebenswichtig zur Nahorientierung und als Tastorgan.

der Katze eines allerdings mit Sicherheit nicht: schnurren. Höchstens vielleicht das herzhaft-kräftige Schnurren mancher Schmusetiger durch leichte Vibration besonders augenfällig machen. So erkennt man, ob eine Katze momentan mit Nase oder Tasthaaren Sinneseindrücke sammelt: Beim Schnuppern wird der Bart bis zu den Wangen zurückgeklappt, beim Tasten hingegen nach vorne abgespreizt. Grundsätzlich kann jedes Körperhaar einer Katze Aufgaben der Informationsweiterleitung übernehmen, da alle Haare an ihren Wurzeln von Nervenendigungen umgeben sind. Wegen der im Vergleich zur Rückenpartie doppelten Anzahl von Haaren im Bauchbereich sind hier zwangsläufig auch Reizwahrnehmung und Reizdifferenzierung stärker ausgeprägt. Etwa ein Dutzend unterschiedlicher Nerventypen und Sinnesorgane erlauben der Katze dabei die Zuordnung verschiedener Reizmuster, vom Bürsten und Kämmen bis zum Kraulen und Streicheln.

Ein Katzenfell hat aber nicht ausschließlich Schutz-, Thermo- und Wahrnehmungsfunktionen, es setzt auch Signale. Zum Beispiel durch aufgestellte Rückenhaare, die in Kombination mit dem typischen Katzenbuckel selbst schmächtige Katzen groß und eindrucksvoll erscheinen lassen. Und so jedem penetranten Revierrivalen oder einem aufdringlichen Hund signalisieren, daß mit dem Gegenüber nicht gut Kirschen essen ist. Verantwortlich fürs Aufrichten der Haare sind winzige Muskeln in der Haut an der Wurzelscheide. Gesträubtes Fell dient im übrigen nicht nur zum Einschüchtern unangenehmer Wegelagerer, es erhöht auch die Isolierwirkung des Haarkleids und sorgt so für Wärmekonstanz bei Kälte. Ganz ohne Pflege bleibt allerdings selbst der Naturpelz einer Katze nicht in Form. Talgdrüsen in der Haut produzieren Fett, das bei den regelmäßigen Putzaktionen per Zunge übers

Fell verteilt wird. Mit dem Effekt, daß selbst heftiger Regen vom Haarkleid abperlt, ohne bis auf die Haut durchzudringen. Der notwendige Fettanteil im Fell ist einer der Gründe, warum man Hauskatzen kein regelmäßiges Bad verordnen sollte. Das zerstört nämlich genau diesen Schutzfilm. Ein anderer Grund für die Wannenabstinenz ist meist unübersehbar: die Scheu der Katzen vor allzu innigem Kontakt mit Wasser. Zusammen mit dem Speichel kommt dem Fell in der heißen Jahreszeit eine wichtige Kühlfunktion zu: Weil Katzen nur wenige Schweißdrüsen besitzen, müssen sie auf anderem Weg für Abkühlung sorgen. Mit der Zunge verteilen sie große Speichelmengen über das gesamte Fell. Beim Verdunsten entzieht die Flüssigkeit dem Körper dann meist genügend Wärme, um einer übermäßigen Aufheizung wirksam vorzubeugen.

Kapitel 10

DER MONDSINN UND ANDERE UNGLAUBLICHE PHÄNOMENE

Katzen haben einen perfekten Körper. Ob Sprint, Weit- und Hochsprung, Hürdenlauf, Klettereinlage, weiche Landung nach freiem Fall, Schlängeln durch enge Schlupflöcher – es gibt keine Herausforderung, die sie nicht meistern. Ihre Sinnesleistungen stehen dem kaum nach: Augen, denen weder bei Tag noch in der Nacht etwas entgeht; Ohren, die selbst im Schlaf empfangsbereit bleiben; ein extrem sensibler Tastsinn und nicht zuletzt das Supernäschen. Doch damit nicht genug. Katzen können viel mehr! Wieviel mehr? Wir wissen es nicht. Immer noch nicht. Denn viele der ganz besonderen Fähigkeiten und Sinnesleistungen einer Hauskatze entziehen sich schlichtweg unseren Vorstellungen, lassen sich auch mit modernsten Analysemethoden nicht erfassen. Oft bleibt wenig mehr als das simple Beschreiben des Phänomens. Über Ursache und Art der Wahrnehmung jedoch können wir lediglich spekulieren, Hypothesen aufstellen oder Näherungsmodelle testen.

Ob es den speziellen Mondsinn bei Katzen gibt, bleibt dahingestellt. Als wahrscheinlich darf allerdings gelten, daß die Mondphasen nicht allein Ebbe und Flut bestimmen, sondern auch auf die Aktivitäten des ausgewiesenen Dämmerungs- und Nachttieres stimulierend oder hemmend wirken. Ein Einfluß, der sicher nicht nur etwaige geheimnisvolle Mondscheinversammlungen der Katzengesellschaft eines Stadtviertels auf den Dächern und in verschwiegenen Hinterhöfen oder die Vollmondarien liebestrunkener Kater bestimmt. Wissenschaftlich erhärten läßt sich die Mutmaßung über die Macht des Mondes allerdings nicht, da hierzu die verläßlich-verwertbare Zahl exakter Beobachtungen fehlt. Über einen Mangel in Sachen Erklärungsversuchen kann man hingegen beim oft beschriebenen Heimfindevermögen von Hauskatzen nicht klagen. Dabei muß unterschieden werden zwischen Kurz- und Mittelstreckenorientierung und dem Heimfinden über große Entfernungen. Kurzstrecken meistert man problemlos: Bei Distanzen bis zu fünf Kilometern wandert weit über die Hälfte der Katzen zielgerichtet und ohne Umschweife zum Ausgangspunkt zurück. Nimmt die Entfernung zu, finden nur noch

Kluges Köpfchen: Sicher ist, daß Katzen Phänomene registrieren können, die den Sinnen des Menschen verschlossen bleiben. Nach wie vor unklar bleibt in vielen Fällen, wie Wahrnehmung und Verarbeitung erfolgen.

Gerade wieder wach geworden: Nahezu 20 Stunden des Tages lebt die Katze in ihren Traumwelten.

einzelne Tiere nach Hause, die übrigen zeigen sich desorientiert und laufen in die Irre. Entsprechende Einzel- und Gruppentests ergaben, daß die vom erwünschten Zielort wegtransportierten Tiere mehrheitlich in der Lage sind, ihren Heimatkurs zu »interpolieren«: Selbst wenn sie nicht auf geradem Weg verfrachtet wurden, wählten sie beim Rückmarsch häufig genug die kürzeste Verbindung zwischen Aussetzpunkt B und Zielpunkt A. Vieles spricht dafür, daß die Katze speziell bei der Nahorientierung auf ihr bekannte optische Wegmarken, aber auch auf Hörbilder zurückgreift, die sie offensichtlich unverrückbar fest und jederzeit abrufbar in ihrem Gedächtnis abspeichern kann. Ganz automatisch merkt sie sich dabei besonders prägnante Geräusche, Tonbilder und Lautfolgen, charakteristischen Straßenlärm etwa, oder das Läuten von Kirchturmglocken und die auffällige Geräuschkulisse einer Baustelle. Zu einem akustischen Geländesignal gehören dabei alle Informationen über Geräuschintensität und -richtung bzw. über die Lagekorrelation der verschiedenen Schallquellen. Garanten fürs exakte Lokalisieren sind dabei die außerordentlich beweglichen Ohrmuscheln. So orientiert sich die Katze anhand ihrer dreidimensionalen audio-visuellen Landkarte wie wir an einem Straßenplan. Kaum verwunderlich bei einem Tier, dessen Ortsgedächtnis fürs Leben und Überleben in einem Revier mitentscheidend ist. Freilebende Hauskatzen zeigen sich übrigens in allen Fällen reinen Wohnungstieren deutlich überlegen. Mit den Heimfindefähigkeiten verfrachteter Hunde können Katzen es allerdings in der Regel nicht aufnehmen.

Die Ursachenforschung bei der Kurzstreckenorientierung erlaubt durchaus schlüssige und nachvollziehbare Ergebnisse. Bei den teilweise phantastischen Fernreiseleistungen jedoch bleiben alle Deutungsansätze samt und

Ein Blick, der immer neue Rätsel aufgibt: Je mehr wir von der Katze wissen, desto geheimnisvoller wird sie uns.

sonders auf der Strecke. Katzen, die über Entfernungen von 80 oder 100 oder teilweise weit mehr Kilometer wieder nach Hause zurückfinden, können sich auf ihrem langen Marsch nicht an optischen oder akustischen Reizen orientieren, da vertraute Hör- und Wegmarken fehlen. Zum Teil stützen sich die Erklärungsversuche auf Kraft- und Strahlungsfelder, für die wir Menschen nicht bewußt empfänglich sind: etwa das Magnetfeld der Erde oder die elektrischen Ladungsunterschiede in der Luft. Diskutiert wird aber auch ein zielgerichtetes Laufen auf der Basis einer Verrechnung des (für alle Säugetiere angenommenen) inneren Zeitgebers mit dem Stand der Sonne, ähnlich den Fernorientierungsmechanismen bei Brieftauben. Denkbar scheinen schließlich Wanderbewegungen in spiralförmigen Kreisbahnen, die von den ausgesetzten Katzen so lange beibehalten werden, bis sie wieder in altvertrautes Gelände kommen. Völlig kapitulieren muß unsere Vorstellungskraft allerdings in jenen Fällen, in denen sich Katzen erfolgreich auf die Suche nach einem geliebten Menschen machten und dabei in aller Regel in Gegenden aufbrachen, die sie – anders als bei der Rückkehr in Heimatgefilde – niemals zuvor gesehen hatten. Läßt man die unzähligen, stets aufs neue kolportierten Anekdoten und märchenhaften Geschichten beiseite, bleibt trotz allem immer noch eine Handvoll belegbarer und ernstzunehmender Berichte, die sich weder leichtfertig als Lügengarn abtun noch mit gängigen Hypothesenmodellen klassifizieren lassen. Fast immer ist von ausgehungerten, total erschöpften Tieren die Rede, die nicht selten monatelang auf Wanderschaft waren, um an ihr Ziel zu gelangen. Für die Bewältigung von 150, 300, 700 und sogar mehr als 1000 Kilometer in Zeiträumen von fünf, sieben oder zwölf Monaten läßt sich bislang keine einzige auch nur halbwegs akzeptable Erklärung finden.

Für die Parapsychologen, die sich mit Fragen übersinnlicher und übernatürlicher Vorgänge beschäftigen, gehören die unglaublichen Weltreisen der Hauskatzen genauso ins Reich des Psi wie ihre Vorausahnungen von Erdbeben oder anderen Naturkatastrophen. Der griechische Buchstabe Psi steht dabei als Symbol für all jene Phänomene, die wir weder mit unseren eigenen Sinnen, mit unserer Schulweisheit oder wissenschaftlichen Erkenntnissen erklären können. Vor einem starken Hauptbeben künden in der Regel kleine Vorbeben das kommende Unheil an. Sicher ist, daß Katzen und andere Tiere bereits geringste Erschütterungen der Erdkruste wahrnehmen, ebenso wie sie empfänglich sind für erste Anzeichen eines Wetterumschwungs. Doch seismographische Sensibilität und extreme Wetterfühligkeit allein sind keine hinreichenden Erklärungen für die auffälligen Verhaltensänderungen vor einem solchen dramatischen Ereignis. Wiederholt

wurden Katzen beobachtet, die ihre Jungen sehr gezielt an Plätze umquartierten, die sich nachträglich als sicher erwiesen. Andere haben durch ruheloses Hin- und Herwandern und aufgeregtes Miauen die Menschen in ihrer Umgebung zum Verlassen der Häuser animiert oder ihnen sogar die Fluchtwege gewiesen. Von der Existenz einer »inneren Uhr«, dem Zeitgeber, der offensichtlich vielen oder gar allen Säugetieren eigen ist, weiß man bei Katzen schon lange (siehe auch Kapitel 5). Trotz allem bleibt ihr außerordentlicher Zeitsinn nach wie vor ein Rätsel. Daß Katzen sich zur festgelegten Stunde am Futternapf einfinden, überrascht Katzenbesitzer kaum. Daß es aber Tiere gibt, die mit konstanter Regelmäßigkeit und selbst in größeren Zeitabständen bestimmte Termine einhalten, läßt sich als schlichte Gewohnheit nur schwer beschreiben. Manche Katzen finden sich an einem bestimmten Tag der Woche an einem bestimmten Platz ein. Zum Beispiel am Freitagmittag beim Nachbarn, weil der dann die Reste seiner Fischmahlzeit freigebig verteilt. Andere stimmen ihre Inspektionsgänge durch das mit der Konkurrenz gemeinsam genutzte Jagdrevier zeitlich so exakt ab, daß man sich gegenseitig nie ins Gehege kommt. Wieder andere sind während der ganzen Woche ausgesprochene Frühaufsteher, schlafen aber am Sonntag regelmäßig länger, weil sie schon vorab wissen, daß ihr Besitzer an diesem Tag zu Hause bleibt. Es soll Katzen geben, die Krankheit und Tod vorausahnten, und solche, die schon lange Zeit vor dem Ausbruch eines Feuers die Bewohner des Hauses alarmierten. Doch man muß sie gar nicht unbedingt alle bemühen, um zu verdeutlichen, daß Katzen in einer Sinneswelt zu Hause sind, die wir nur schwer oder überhaupt nicht erleben können. Und daß wir wohl auch deswegen erst ganz langsam beginnen, ihre unglaublichen Fähigkeiten zu entdecken.

Die Außenwelt als Spiegel der Innenwelt: Katzen reagieren vornehmlich auf Bewegungen, können Farben unterscheiden, verabscheuen scharfe Gerüche. Doch wie Katzen wirklich sind, läßt sich damit nur unvollkommen beschreiben.

Kapitel 11

SPIELEN MACHT SCHLAU

Spielen? Bei uns Menschen ist das Kindersache! Erwachsene, die Spaß am Spiel haben, werden oft genug mitleidig belächelt oder als Kindsköpfe abgetan, die sich hartnäckig gegen das Erwachsenwerden sträuben. »Die könnten mit ihrer Zeit auch etwas Gescheiteres anfangen«, lautet nicht selten das einhellig abwertende Urteil im Bekanntenkreis. Katzen, die wilden wie die häuslichen, sind anerkannt gewitzte Tiere. Sie teilen ihre Zeit bewußt und ökonomisch ein. Erstaunlich daher, daß ihnen neben der ausgedehnten täglichen Siesta und der Pirsch auf Mäuse (ersatzweise gerne auch auf Fertigfutter) nichts Gescheiteres einfällt, als ihre knapp bemessene Freizeit mit Sport- und Spielaktivitäten auszufüllen. Irgendwie muß es wohl doch Sinn machen, das meist kräftezehrende, oft riskante und scheinbar nutzlose Spieltraining. Und das macht es sehr wohl: Nicht nur für die Kinderkatzen, sondern auch für sämtliche ausgewachsenen Kater und Kätzinnen bis hin zu den altehrwürdigen Senioren, die körperlicher Altersgebrechen zum Trotz während ihrer tollen fünf Minuten regelmäßig außer Rand und Band geraten. Fast alle Besitzer betagter Hauskatzen können einen vielstimmigen Choral von der wilden Jagd singen, die unvermittelt über sie hereinbricht, wenn Katzenoma oder Katzenopa mit unbändigen Kinderspielen der Arthrose in ihren alten Knochen den Kampf ansagen.

Spielen heißt Beschäftigung, Kräftemessen, Lernen und Erfahrungen sammeln, heißt Erkunden der Umwelt, angeborene Fertigkeiten perfektionieren, aber auch den sozialen Status und seine »Gesellschaftsfähigkeit« testen. Im Spiel und nur im Spiel darf man diese Funktionen und Fähigkeiten risiko- und straffrei erproben, nur jetzt darf man sich an die Grenze zwischen Noch-Erlaubtem und Nicht-Erlaubtem heranwagen. Der Spielbegriff wird nicht zuletzt dadurch charakterisiert, daß hier Teilbereiche oder Einzelkomponenten aus anderen, völlig verschiedenen Verhaltenszyklen aufgenommen, frei kombiniert und mit variierender Intensität meist mehrfach hintereinander trainiert werden. Ein Grundprinzip, das für viele Säugetiere und einige Vogelarten gilt. Auch wenn sich Hauskatzen bis ins hohe Alter unvermindert verspielt zeigen, ihre wichtigste und prägendste Spielzeit beginnt bereits in der vierten Lebenswoche. Wo anders als in der Wurfkiste. Mit wem anders als mit den Geschwistern und der besten aller Katzenmütter. Frühes Katzenspiel ist soziales Spiel: zaghafte

Spielen ist nicht nur ein Kinderspiel: Katzen, die regelmäßig und ausgiebig spielen, sind gesund an Körper und Seele.

Körperertüchtigung: Mit akrobatischen Spiel- und Kletterübungen testet die Katze ihre Fitneß.

Kätzchen streck dich! Die Entdeckung des aufrechten Stehens als Voraussetzung für den Vogel- und Falterfang.

Pfotenkontakte untereinander, erster Zahntest im Bruderfell, der herzhafte Biß in Mutters zuckenden Schwanz, später die bekannt-dramatischen Raufereien und wildverwegenen Verfolgungsjagden über alle Wohnungshürden. Ab der siebten oder achten Woche kommt zusätzliche Bewegung ins Spiel der Jungkatzen: Jetzt beginnt man sich auch für Gegenstände zu interessieren, vor allem solche, die man mit den Pfoten vorwärtstreiben oder hochwerfen kann. Die uralte und immer wieder brandneue Stanniolpapierkugel, Papierschnipsel, Laubblätter, Holzstückchen und natürlich all die Kunstmäuschen, Gummibälle und Angelspiele, die der Fachhandel heute für den geneigten Katzennachwuchs parat hält. Erklärte Objekte der Begierde sind natürlich auch leibhaftige Kleintiere, die den angeborenen Jagdinstinkt der Kätzchen auslösen, wegen deren noch nicht ausgereifter Bewegungskoordination und mangelnden Jagdpraxis aber kaum um ihr Leben fürchten müssen. Die körperlichen Fähigkeiten reifen innerhalb weniger Wochen, aus den tapsigen Katzenkindern werden gewandte und geschickte Halbwüchsige. Am Erfahrungsdefizit beim Jagen hingegen arbeitet man gemeinsam, Mutter und Jungkatzen: Mama schleppt anfangs bereits getötete, später lebende Mäuse heran, die für ihre Rasselbande zum Testfall fürs Beutemachen herhalten müssen. Die Nager der ersten Tage haben gute Chancen, sich ohne Substanzverlust aus dem Staub zu machen, weil die Kätzchen sie lediglich als willkommenes Spielzeug betrachten. Doch schon bald sind die Mäuse ohne Zukunft...

Beim objektbezogenen Training mit der Lieblingsbeute ist die Verknüpfung von Spiel und Ernstfall offenkundig. Grundsätzlich stellen jedoch alle Spielsequenzen vor allem bei den Jungkatzen wichtige und unverzichtbare Probeläufe für den späteren Alltag ihres

Spielland ohne Grenzen: Für Jungkatzen werden tausend Dinge zum Spielzeug. Ein Schnürsenkel kommt gerade recht.

Katzenlebens dar. Spielerisch getestet wird alles, was zum Verhaltensinventar gehört, wenn auch meist in übergangslosen Handlungsbruchstücken, von der sozialen Körperpflege und dem Beutefang bis zu Feindabwehr, Verfolgung und Flucht. Schon im Kampfspiel mit den Wurfgeschwistern übt die Jungkatze Angriff und Unterwerfen, Imponieren und Drohen, aber auch Rücksicht und Fairneß, wenn der Spielpartner seine Niederlage eingesteht: Junge Kätzchen lernen sehr rasch, wie sehr sie die Mutter oder andere erwachsene Artgenossen in ihre wilden Spiele einbeziehen dürfen, ohne in die Schranken gewiesen zu werden. Vor allem bei Katzenmüttern ist die Toleranzschwelle extrem hoch, doch wenn ihre tollkühnen Knirpse endgültig über die Stränge schlagen, setzt es gepfefferte Tatzenhiebe oder den unverkennbar maßregelnden Nackenbiß. Trotzdem: Spielen ist erwünscht und wird auch von der erwachsenen Sippe kräftig gefördert. Katzenkinder, die ausgiebig und ausgelassen spielen, sammeln ständig neue Erfahrungen. Wesentlich mehr als die Spielmuffel unter ihren Altersgenossen. Dieses Mehr an Erfahrung aber erhöht ihre körperliche wie geistige Fitneß, erlaubt ihnen schnelleres und situationsgerechteres Reagieren in allen nur denkbaren Lebenslagen. Mit anderen Worten: Spielen macht schlau! Dabei ist Spielen nicht immer und ausschließlich mit Lernprozessen gleichzusetzen. Im Jagdspiel zum Beispiel verbessert und vervollkommnet eine Katze vielmehr angeborene Verhaltensweisen.

Zwischen der achten und sechzehnten Lebenswoche erreicht die Spielaktivität ihren Höhepunkt. Gespielt wird in diesem Entwicklungsstadium eigentlich immer, ausgenommen während der Essens- und Schlafphasen. Bei Hauskatzen bedeutet das Ende der Jugendzeit jedoch keineswegs gleichzeitig den Abschied vom Spiel. Katzen spielen ihr Leben lang.

Typisches Szenarium erwachsener Tiere: das Spiel mit der Beute. Selbst hungrige Katzen schleudern die gefangene Maus mehrfach in die Luft, angeln mit den Pfoten nach ihr und vollführen wahre Bocksprünge, ohne sich währenddessen einen einzigen Bissen Frischfleisch zu genehmigen. Häufigkeit und Ausgelassenheit des Spiels lassen bei ausgewachsenen Katzen zwar erkennbar nach, doch bleibt unbestritten, daß es auch für sie weiterhin einen zentralen Stellenwert behält. Natürlich gibt es zwischen dem Spiel junger und erwachsener Katzen prägnante Unterschiede. Jungkatzen gehen viel mehr im Spiel auf und setzen all ihre – meist noch unfertigen – Fähigkeiten ein, um die Spielabsicht zu signalisieren oder dem Spielpartner zu imponieren. Stärker als bei großen Katzen kommt dabei auch der Mimik inklusive des Ohrenspiels und dem Schauspieltalent der Nachwuchsmannschaft eine mitbestimmende Rolle zu. Buckelmachen, steifbeiniges Hüpfen, um Spielintention und -intensität zu unterstreichen, Spielbeißen, gezielter Tatzen- und Kralleneinsatz und das gesträubte Fell sind typische Verhaltensmuster spielender Kätzchen. Katzenkinder durchlaufen darüber hinaus auch eine Zeit, in der sie bereits die Signale und Gesten des Fortpflanzungsverhaltens spielerisch üben, vom Aufreiten und dem Nackenbiß bis zur charakteristischen Paarungsstellung der Kätzin und angedeuteten Deckversuchen des Jungkaters.

Auch im Spiel macht der Ton die Musik. Bei besonders wildem Kampfgerangel läßt sich oft nur am häufig zu vernehmenden Schnurren der Kontraheten zwischen Ernstfall und Trockenübung unterscheiden. In den meisten Fällen werden die Spielregeln beachtet: Mit Schmerzenslauten oder deutlicher Abwehrhaltung zeigt ein Partner an, wann er genug hat. Gerade bei älteren Katzen verwischt sich jedoch die Grenze zur ernsthaften Auseinandersetzung relativ schnell und häufig. Vor allem im spielerischen Fitneß-Test mit dem leistungsorientierten Nachwuchs versuchen die Senioren so, mühsam Image und Gesicht zu wahren. Nothilfe muß der um Leib und Seele seiner Schützlinge fürchtende Katzenhalter kaum leisten: Katzen vertragen eine Menge derber Tatzenhiebe und wissen sich ihres Fells zu wehren. Aber auch, wann es Zeit für den geordneten Rückzug ist. Und im Zweifelsfall war ja alles doch nur ein ausgelassenes Spiel.

Kapitel 12

OHREN, DIE DEN SCHLAF BEWACHEN

Mit unserem abwehrenden »Das kommt überhaupt nicht in die Tüte!« haben Katzen wenig am Hut. Zumindest nicht, wenn es sich um ihre ganz privaten Tüten, sprich ihre allzeit aktiven Ohrmuscheln handelt. Denn die erweisen sich als unersättlich, sobald Töne im Angebot sind. Und nehmen alles mit: vom zartesten Mäusefiepen tief unten im Mauseloch übers dezente Fluggeräusch der Stubenfliegen bis hin zum fast unhörbaren Tapsen des Familienhundes auf dem dicken Wohnzimmerteppich. Oder das Klackern der Futterbröckchen, die Frauchen in den Napf schüttet, während die zugehörige Kostgängerin sich weit davon entfernt unter der Ligusterhecke in der Sonne aalt. Katzen schlafen gern und oft und viel. Katzenohren schlafen nie! Wie sich das zusammenreimt? Einfach genug: Schläft die Katze, wacht das Ohr.

Vom Katzenohr sehen wir nur den äußeren Teil, die Ohrmuschel. Über den Gehörgang erreichen die Schallwellen das Trommelfell, die dahinter liegenden Gehörknöchelchen verstärken dessen Schwingungen und leiten sie zum eigentlichen Gehörorgan im Innenohr, wo die Schallwellen in elektrische Impulse umgesetzt werden. Die schließlich gelangen über den Hörnerv zum Gehirn. Im Innenohr liegen auch die flüssigkeitsgefüllten Bogengänge des Gleichgewichtsorgans, das für die automatische, reflexartige Kontrolle der Körperhaltung der Katze sorgt und unter anderem sicherstellt, daß Katzen beim freien Fall auf ihren vier Pfoten landen.

Im Anatomischen und in der Funktion unterscheiden sich die Ohren der Katzenartigen nicht von denen anderer Säugetiere, denen der Hunde etwa oder auch unseren eigenen. In ihrer Leistungsfähigkeit allerdings erheblich! Das Hörvermögen einer Katze erlaubt ihr, Schwingungen jenseits von 70 000 Hertz wahrzunehmen. Zum Vergleich: Mit circa 18 000 Hertz, dem Optimum beim jungen Menschen, liegt unsere Wahrnehmungsobergrenze um zwei volle Oktaven niedriger. Und selbst die hellhörigsten Hunde können im Ultraschallbereich mit Katzen nicht mithalten. Schade eigentlich, daß sich mit einem zarten Miau keine Einbrecher in die Flucht schlagen lassen: Als Wachkatzen wären Katzen nämlich absolut erste Wahl für den Job eines Haus-und-Hof-Wächters.

Daß die Katze ganz Ohr ist für Hochfrequenzlaute, erbringt allerdings auf ihrer ureigensten Domäne sehr handfeste Vorteile: beim Abhören einer möglichen Mahlzeit nämlich. Das Hauptgericht ist traditionsgemäß ein

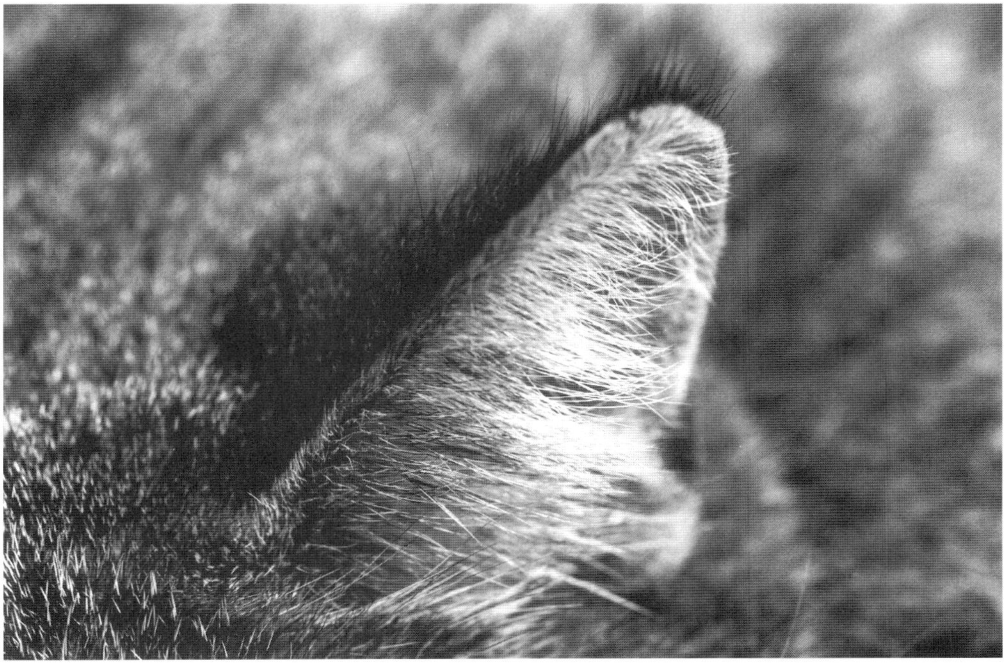

Weltempfänger: Richtungshören, Schallbündelung und selektive Geräuscherkennung sind Kennzeichen des Hochleistungsohrs der Katze.

Auch mit geschlossenen Augen immer bestens informiert: das Katzenohr als verläßliches Frühwarnsystem.

Kleinsäuger, vorzugsweise von Mäuseart, und beim Lauschangriff interessiert sich die Jägerin für jedes Wispern und Fiepen, das die wuseligen Winzlinge von sich geben. Perfekt ins Schema paßt dabei, daß Mäuse ausgesprochene Plappermäuler sind, denen der Schnabel nie stillsteht. Dies wiederum ist beileibe keine reine Schwatzhaftigkeit: Für das Gesellschaftstier Maus gehören die Dauergespräche zum Verhaltensinventar, weil sie nur so in ständiger Verbindung mit ihren Artgenossen bleiben kann. Als »Stimmfühlungslaute« bezeichnen die Wissenschaftler durchaus zutreffend diese besondere Form sprachlicher Rückendeckung. Wir Menschen erfahren von dem »Small talk« rein gar nichts, da er weit oberhalb unserer Hörgrenze stattfindet. Katzen jedoch wissen sofort, wer spricht. Und wo er spricht. Denn jetzt kommen die Tüten wieder ins Spiel: Katzenohren sind nichts anderes als Hochleistungsschalltrichter, die durch mehr als 20 Muskeln derart perfekt – und unabhängig voneinander – ausgerichtet werden, daß sie jedes Tonsignal exakt anpeilen können. Die zeitversetzte und in der Lautstärke unterschiedliche Wahrnehmung in beiden Ohren erlaubt dann das punktgenaue Lokalisieren der Geräuschquelle. Das klappt so gut, daß Katzen auch ohne optische Kontrolle Jagderfolge verzeichnen und sich allein mit Hilfe von Gehör und Tastsinn zurechtfinden können. Man weiß von blinden Katzen, die offensichtlich ohne allzu große Probleme Mäuse oder sogar Fliegen und Spinnen fangen. Erstaunlich genug angesichts der Tatsache, daß sich Katzen mehr als die meisten anderen Tiere – zum Beispiel Hunde – unter normalen Bedingungen hauptsächlich auf ihre Augen verlassen. Die zentrale Rolle der Ohren bei der Fernorientierung und beim Heimfindevermögen der Katzen (siehe auch Kapitel 10) haben die Verhaltensforscher erst in jüngster Zeit entdeckt.

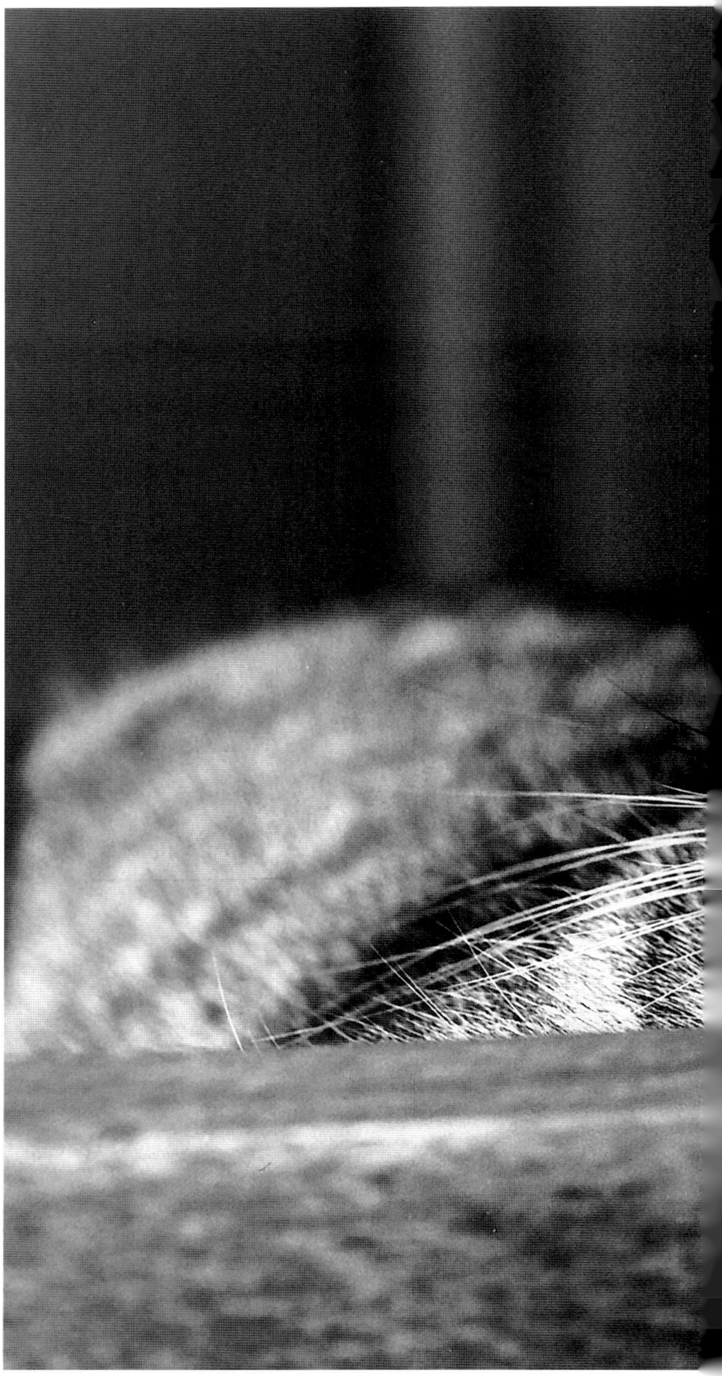

Horchposten: Selbst während der Tiefschlafphase bleiben die Ohren einer Katze auf Empfang.

Katzenbabys produzieren im Kehlkopf Töne von nahezu 80 000 Hertz. Selbst auf derartige Laute im extremen Ultraschallsegment reagiert die Katzenmutter sofort. Mindestens ebenso verblüffend wie der breite Hörbereich ist allerdings die katzentypische Fähigkeit der selektiven Geräuschwahrnehmung. Ein Phänomen, das sich besonders eindrucksvoll an schlafenden Tieren beobachten läßt: Wenn es ums Schlafen und Dösen, ihre Haupt- und Lieblingsbeschäftigung, geht, sind Katzen wahre Wundertiere, auf die unzählige schlafgestörte Menschen nur neidisch sein können: Ein Plätzchen zum Träumen finden Katzen überall, selbst dort, wo man vor Lärm sein eigenes Wort nicht versteht. Offensichtlich beherrschen sie die Kunst des Abschaltens in Perfektion. Abschalten heißt dabei in erster Linie: weghören, Geräusche herausfiltern und gar nicht erst wahrnehmen. Aber dann ganz plötzlich ist die Schläferin hellwach und in voller Aktion. Was ist passiert? Sehr einfach: Irgendwo in ihrem Hörfeld trippelte eine Maus vorbei, ganz sachte und vorsichtig, absolut unhörbar für menschliche Ohren. Doch »trippelnde Maus« ist eines der Reizsignale, das vom Katzenohr direkt zur Kommandozentrale im Katzenhirn durchgestellt wird, selbst während der Siesta. Ob verlockende Beute oder eventuelle Feinde – die Ohren einer Hauskatze sind rund um die Uhr auf Empfang geschaltet. Möglich, daß die zwangsläufig mangelnde Schlaftiefe durch Dauer ausgeglichen wird. Was man zumindest als Erklärungsversuch für die bis zu 20 Stunden täglich werten darf.

Warum sollte es Katzen anders gehen als uns Menschen? Ihre Top-Hörleistungen zeigen sie in jungen Jahren, danach geht's mit den Ohren sukzessive bergab. Oft registrieren allerdings nur sehr aufmerksame Beobachter die fortschreitende Schwerhörigkeit einer Katze. Solange Augen und Tastsinn ausreichend funktionieren, erleiden die Tiere keinerlei Verlust an Lebensqualität. Fast oder völlig taube Katzen werden meist ein bißchen ruhiger, gehen seltener außer Haus und verzichten auf die eine oder andere Mäusepirsch, sind aber ansonsten offensichtlich mit sich und der Welt zufrieden. Weniger zufrieden wirken Katzen, die mit Otodectes cynotis in Kontakt kamen. Und das ist leider ein hoher Prozentsatz aller freilaufenden Tiere. Otodectes cynotis ist eine Milbe, die es ausschließlich auf die Ohren abgesehen hat. Genauer gesagt: auf den äußeren Gehörgang. Auf starken Milbenbefall reagieren Katzen mit Schütteln des Kopfes und fortgesetztem Kratzen, in chronischen Fällen stellen sich stumpfes Fell und apathisches Verhalten ein, ein dicker Pfropf Ohrenschmalz verstopft den Gehörgang. Wird die Entzündung nicht behandelt (Antibiotika), können Zerstörung des Trommelfells, Gleichgewichtsstörungen und Fieber die Folgen sein. Anstecken können sich Katzen übrigens nur in direktem Kontakt mit Artgenossen. Das von Talg- und Schweißdrüsen produzierte Ohrenschmalz hat im Normalfall eine durchaus wichtige Funktion: Zusammen mit den dichtstehenden Haaren in der knorpeligen Ohrmuschel verhindert es das Eindringen von Fremdkörpern in den Gehörgang.

Katzenohren sind nicht nur zum Hören da. In Verbindung mit der gesamten Mimik ist das Spiel der Ohrmuscheln ein Barometer für die jeweilige Stimmungslage der Tiere: Ohren nach hinten gelegt signalisiert Angst oder Wut, Ohren nach vorne heißt Aufmerksamkeit und Anspannung (zum Beispiel bei der Jagd). Für Katzen untereinander ist der Blick auf die Ohren der Spielpartner oder Rivalen Pflicht, damit man weiß, was gerade anliegt. Aber auch Katzenhalter sollten die entsprechenden Signale ihrer Lieblinge kennen, weil sich so Frieden und Zufriedenheit im Haus sichern lassen.

Das Zauberwort heißt Abschalten: Katzen können selbst im dicksten Lärm ein Nickerchen machen. Vertraute Umgebungsgeräusche werden dann bereits im Ohr herausgefiltert und nicht mehr weitergeleitet.

Kapitel 13

EINE PFOTE FÜR ALLE FÄLLE

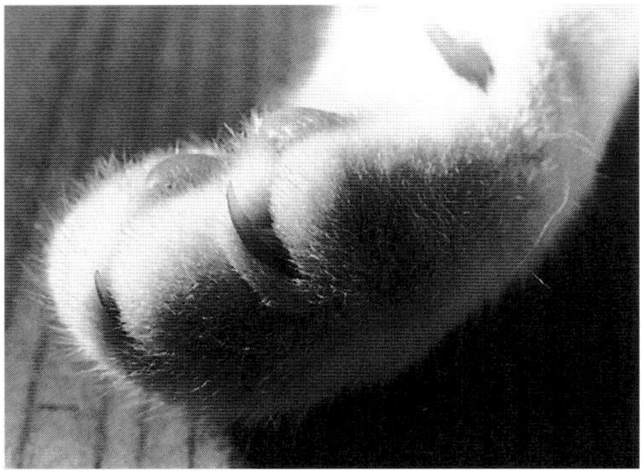

Füße sind zum Laufen da. Die von Hochleistungssportlern sowieso. Genau das sind Katzen nämlich: ausgewiesene Spezialisten für den Kurzstreckensprint. Dabei erreichen sie zwar kein Rekordtempo von über 100 Stundenkilometern wie ein Gepard, mit gestoppten 50 km/h liegen sie aber trotzdem bereits eindeutig im Geschwindigkeitsgrenzbereich für geschlossene Ortschaften. Natürlich heißt Laufen nicht nur Galopp. Gehen, Traben, Schleichen: Hauskatzen beherrschen jedes Bewegungsmuster perfekt. Beim normalen Gehen im Kreuzgang wird jeweils ein Bein vom Boden gehoben, hinten links folgt vorne rechts und umgekehrt. Die Laufspur ergibt übrigens eine einzige Linie, weil eine Katze die Hinterpfote exakt in den Abdruck der Vorderpfote setzt. Beim Trab wird dann oft in den Paßgang gewechselt, hinten rechts folgt vorne rechts. Insgesamt läßt sich die Gangart der Katze zwangsläufig kaum mit der des Menschen vergleichen. Zum einen bringen Vier- und Zweibeiner völlig unterschiedliche körperliche Voraussetzungen und Bewegungsansprüche mit. Zum anderen sind Katzen die Spitzentänzer und wir eher ausgemachte »Plattfußindianer«. Kein Schmäh, sondern anatomische Realität: Katzen setzen beim Gehen lediglich die Zehen auf den Boden, der Mensch und viele andere Säugetiere laufen hingegen auf der Fußsohle. Das Abrollen über den gesamten Fuß erlaubt in der Regel keine hohen Laufgeschwindigkeiten. Typisches Sohlengängerbeispiel: der »tapsige« Bär (obwohl Bären auf Kurzstrecken schneller sein können, als es unvorsichtigen Menschen lieb ist). Der Spitzenlauf wirkt ungleich eleganter und bietet beste Voraussetzungen für effektive Beschleunigung. Leichtathleten machen daher aus der Not eine Tugend und setzen bei Kurzstreckensprints ausschließlich den Zehenbereich auf. Verblüffendes Beispiel für die Ästhetik des Zehengangs: der Elefant, der trotz seiner riesigen, unförmig wirkenden Sohlenpolster zu überaus feinfühliger Fußtechnik fähig ist. In jeder Zirkusdressur zu bewundern.

Wer auf den zarten Enden seiner Zehenknöchelchen läuft, muß Sorge tragen für deren Schutz. Beim Elefanten sind es die dicken Sohlenpolster, bei den Katzen die aufprallmindernden und derben Fußballen ihrer Pfote. Katzenpfoten müssen mit Extrembelastungen fertigwerden: Renntempo, abrupte Richtungswechsel und Bremsmanöver, Sprünge aus großer Höhe, Abfangen des gesamten Körpergewichts beim Erklettern eines Baumes mit Kralleneinsatz. Die Vorderpfote besitzt insge-

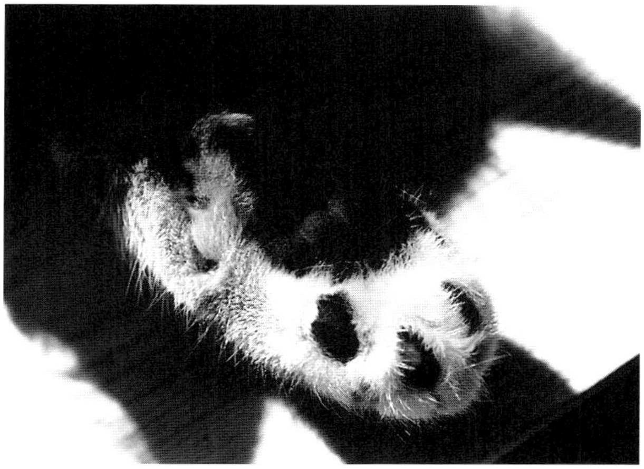

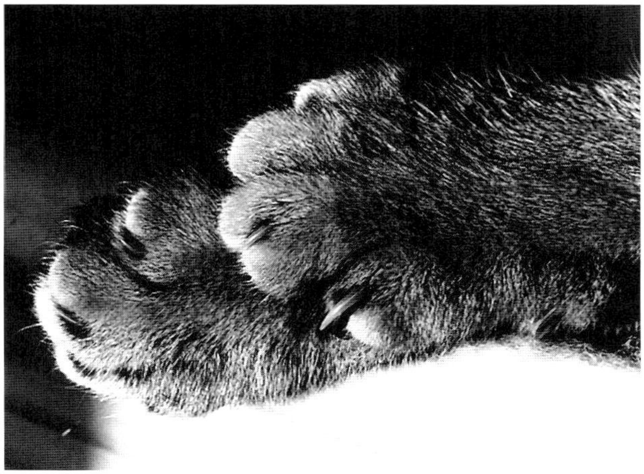

Nur als Laufschuh viel zu schade: Die Katzenpfote ist ein verblüffendes Multitalent. Perfekt geeignet zur lautlosen Fortbewegung, perfekt zum Klettern mit ausgefahrenen Krallen, perfekt zur wirkungsvollen Verteidigung und zum Beutefang, perfekt als sensibles und funktionsgerechtes Tast- und Angelgerät, perfekt als Waschlappen und als Reinigungs- und Pflegehilfe fürs Fell.

samt sieben Ballen, vier große und einen kleinen Zehenballen, einen Zwischenzehen- und einen Fußwurzelballen. Im Gegensatz zur Vorderpfote mit ihren fünf Mittelfußknochen weist die Hinterpfote nur vier auf und damit auch nur vier Zehen: innerer Mittelfußknochen und zugehörige Zehe fehlen. Katzen besitzen folglich insgesamt 18 Zehen: je fünf an den vorderen und je vier an den hinteren Pfoten. Vier Zehenballen und ein Zwischenzehenballen ergeben pro Hinterpfote fünf Ballen. Hauptfunktionen der mit äußerst widerstandsfähiger Hornhaut überzogenen Sohlenpolster: Sie wirken beim Aufsprung wie Stoßdämpfer, sie schützen Pfote, Finger- und Gelenkknochen, sie ermöglichen nahezu geräuschlose Fortbewegung und dienen schließlich als Manövrier- und Bremshilfe. Der lautlose Gang ist bei einer Schleichjägerin wie der Katze die halbe Miete für den Beuteerfolg, und die Haftfähigkeit der Ballen erlaubt ihr selbst bei Höchsttempo abrupte Richtungswechsel ohne Verlust des Bodenkontakts. Die Sohlenpolster der Groß- und Kleinkatzen sind glatt, außer beim Leoparden. Rillenähnliche Vertiefungen in seinen Ballen bringen ersichtliche Vorteile in der Kurventechnik und fürs Hakenschlagen.

Zur Katze gehört das Katzenfell. Völlig frei von Fell sind bei ihr nur zwei Körperstellen: die Nase und die Pfotenballen. Die haarlosen Ballen sind auch der einzig geeignete Platz für Schweiß- und Duftdrüsen. Da deren Anzahl und Leistungsfähigkeit naturgemäß begrenzt ist, müssen Katzen bei großer Hitze andere Regulierungsmechanismen einsetzen: zum einen ganz einfach Schattenplätze aufsuchen, zum anderen sich intensiver und häufiger putzen. Fellpflege ist nämlich nicht allein eine Frage der Sauberkeit, sondern bringt auch erkennbare Abkühlung. Mit Zunge oder Pfote – dort, wo der eingebaute Waschlappen nicht

Höhenflug: Der gezielte Einsatz ihrer Krallen erlaubt der Hauskatze die Eroberung der dritten Dimension.

hinkommt – werden große Mengen Speichel übers Fell verteilt. Und dessen Verdunstung entzieht dem Körper Wärme. Wer also glaubt, seine Katze würde im Hochsommer zur fast schon neurotischen Reinlichkeitsfanatikerin werden, irrt: Sie nimmt schlicht und ergreifend ein kühles Bad. Natürlich kommt die Reinlichkeit trotzdem nicht zu kurz. Und daß die Vorderpfoten hier hervorragende Dienste leisten, wissen nicht nur Katzenhalter. Von der Zunge gründlich angefeuchtet, gerät die Pfotenwäsche von Gesicht, Kopf und Ohren zum tagtäglichen Ritual und zum Muß nach allen Mahlzeiten.

Katzenpfoten fördern aber auch die Kommunikation. Das Pföteln der kaum drei Wochen alten Katzenbabys ist ihr erster vorsichtiger Versuch, die neue Welt zu begreifen und ertasten. Die Pfote dient der Aufforderung zum gemeinsamen Spiel, die Pfote bittet um Aufmerksamkeit und ist Ausdruck von Zuneigung und Zärtlichkeit – nicht zuletzt auch dem Partner Mensch gegenüber, mit der Pfote wird Unbekanntes und Aufregendes untersucht und überprüft, die Pfote ist wichtiges Werkzeug beim Fang der Beute und dem anschließenden Beutespiel, die Pfote wird nicht selten als Schöpfkelle zum Aufnehmen von Flüssigkeiten eingesetzt, wenn die Katze mit der Zunge nicht herankommt, zum Beispiel bei Milch in einem schmalen Gefäß.

Die Pfote kann aber auch ganz anders: nämlich zudringliche Artgenossen und ähnlich unliebsame Tiere auf Distanz halten, herzhaft und kräftig zuschlagen und schließlich gar für schmerzhafte Verletzungen sorgen. Das ist der Punkt, wo die Katze ihre Krallen ins Spiel bringt. So weich die Pfoten sind, mit ausgefahrenen Krallen werden sie zu höchst wirkungsvollen Werkzeugen und Waffen. Außer den allerjüngsten Katzenkindern können Katzen die Krallen je nach Bedarf ausklappen. Normalerweise stecken die spitzen, dolchartig gekrümmten Horngebilde in speziellen Taschen und ragen nur wenige Millimeter über den Pfotenrand hinaus. Vorteil: keinerlei Abnutzung durch Bodenkontakt beim Laufen. Arretiert werden sie in dieser Ruheposition von speziellen Muskeln und Sehnen. Ist ihr Einsatz gefragt, zieht ein Beugemuskel die Krallen im Bruchteil einer Sekunde nach vorne. Von ihrer Funktionstüchtigkeit hat sich jeder Katzenbesitzer sicher schon überzeugen können, wenn auch meist unfreiwillig.

Gerade im hautnahen Umgang mit ihrem Menschen sind Katzen in punkto Krallen in der Regel jedoch extrem zurückhaltend, was man bei Rangeleien mit Artgenossen kaum behaupten kann, speziell wenn konkurrierende Kater Liebesgefühle entwickeln. Dann geht es vehement zur Sache, und fast immer

garantiert der verschärfte Krallenkampf, daß die Fetzen, sprich Haarballen, fliegen und die sensiblen Ohrmuscheln jede Menge Risse abbekommen. Einen friedfertigeren Nutzen erzielen Katzen beim Klettern: Wie Steigeisen schlägt man die kräftigen Krallen in die Baumrinde und läuft scheinbar mühelos den Stamm hinauf. Der Abstieg gestaltet sich dafür allerdings meist problematischer, da die nach hinten gekrümmten Krallen jetzt wirkungslos sind. Meist versucht man eine geordnete Rückkehr zur Mutter Erde im Rückwärtsgang, was aber selten wirklich erfolgreich oder gar besonders ästhetisch ausfällt. Komplizierte Abstiegsmanöver enden mitunter kläglich auf halber Höhe und irgendein mitleidiger Mensch mit Leiter oder letztlich die Feuerwehr müssen sich der gestrandeten Kletterkünstlerin erbarmen.

Krallen brauchen Pflege. Die sorgfältige Reinigung mit den Zähnen gehört zum Tagespflichtprogramm. Dabei werden die Schmutzteilchen regelrecht abgeknabbert. Genauso wichtig: das Krallenwetzen als natürlicher Weg zum Nachschärfen und Abstreifen alter, unbrauchbarer Krallenhüllen. Im Idealfall passiert das für die Krallen der Vorderpfoten an der rauhen Borke eines Baumstamms, bei Wohnungskatzen ersatzweise und sehr zum Leidwesen der Hausfrau auch am mehr oder weniger widerstandsfähigen Bezug von Sofa oder Sesseln. Krallenwetzen bedeutet aber nicht nur Krallenpflege. Es dient gleichermaßen auch dem Bodybuilding für die Vorderbeine und den gesamten Vorderkörper und im Freien letztlich der Markierung prominenter Revierpunkte als unübersehbarem Hinweis für alle Katzen der Umgebung.

Die unmißverständlichen Bilder der Pfotensprache: »Komm, spiel mit mir!« Nicht allein bei der Aufforderung zum Mitmachen verständigen sich Katzen mit Pfoten und Füßen.

Kapitel 14

VOM RÄTSEL DES SCHNURRENS

Verständigung ist lebensnotwendig. Für Mensch und Tier. Wichtigstes Instrument der Kommunikation: die Sprache. Wobei die Sprache der Tiere bis auf wenige Ausnahmen mehr Lautgebung ist denn komplexe Sprachschöpfung mit grammatikalischem Gerüst und einer Wort- bzw. Satzbildung menschlicher Prägung.

Doch Sinn und Zweck sind hier wie da die gleichen: Weitergabe von Information. Verständlich, daß die Lautsprache angesichts ihrer zentralen Bedeutung in den vielfältigsten Varianten und Variationen daherkommt: Transportiert werden kann sie durch Bellen, Blöken, Brüllen, Fauchen, Fiepen, Grunzen, Gurren, Heulen, Jaulen, Keckern, Knurren, Krähen, Kreischen, Muhen, Winseln, Wiehern, Schnauben, Schnattern, Schreien, Singen, Wimmern, Zischen, Zwitschern und vieles mehr. Selbst mit Tönen, die der Mensch nicht mehr wahrnimmt, weil sie unter – die Infraschallverständigung der Elefanten zum Beispiel – oder über – die Ultraschallklicklaute der Delphine - seinen Hörgrenzen liegen.

Was fehlt auf jeden Fall in unserer Aufzählung tierischer Sprachmuster? Ganz klar: das Schnurren der Katzen. Was sich sich zuerst einfach nur nach einem weiteren Punkt auf der Lautspracheliste anhört, entpuppt sich beim näheren Hinsehen als eines der Langzeitprobleme der Säugetierspezialisten, als harte Kopfnuß für Wissenschaftsdetektive. Erstaunlich genug, wenn man allein die stolze Zahl von Hauskatzen weltweit und ihre enge Bindung an den Menschen in Rechnung stellt. Eigentlich sollte uns das beliebteste aller Heimtiere längst keine Rätsel mehr aufgeben. Und doch sind wir der Frage nach dem Wie und Warum beim Schnurren der Katze lange Zeit die Antwort schuldig geblieben. Schnurren ist katzentypisch. Vögel, Hunde, Rinder, Pferde – niemand sonst im Tierreich ist in der Lage, dieses eigentümliche, beruhigend klingende Brummen zu produzieren, das wie ein leise rollendes »R« klingt. Aber schon hier, im Vorfeld der Analyse, muß man differenzieren. Da gibt es nämlich diejenigen Katzen, die unentwegt schnurren können. Und die anderen, die regelmäßige Pausen einlegen. Zu den Unentwegten gehören alle sogenannten Kleinkatzen: die Hauskatze, Wald- und Falbkatze etwa, aber auch Luchs, Ozelot und Puma. Sie alle beherrschen das Zwei-Wege-Schnurren. Was wenig mit Elektrotechnik oder abgasreinigenden Mehrwegskatalysatoren, dafür aber mit der Atmung zu tun hat: Kleinkatzen können sowohl beim Ein- als auch beim Ausatmen

Im Einklang mit dieser Welt: Zufriedene Katzen schnurren oft ohne erkennbaren Anlaß, möglicherweise einfach nur zur Bekräftigung des eigenen Wohlbefindens.

Die Mimik des Schnurrens: Zum Schnurren gehören das Schnurrgesicht, die halbgeschlossenen Augen, die totale Entspannung des Körpers.

schnurren. Im Gegensatz zu den anderen, den Großkatzen Löwe, Tiger Leopard und Jaguar, die – Ausnahme Schneeleopard – Schnurrlaute lediglich beim Ausatmen hervorbringen. Das aber beherrschen sie tatsächlich, obwohl man in der Literatur zum Teil immer noch den Hinweis findet, daß Löwe, Tiger und Co. überhaupt nicht schnurren können. Weiterer Sprachunterschied zwischen Groß- und Kleinkatzen: Die großen brüllen, die kleinen machen Miau.

Obwohl es kaum zu überhören ist und man den Experten attestieren darf, daß sie oft genug und ganz genau hingehört und hingeschaut haben, gab es zur Frage des »Und wie schnurren sie denn jetzt wirklich?« lange Zeit sehr unterschiedliche und unvereinbare Positionen. Durchaus ernsthaft wurde die Meinung vertreten, Wirbelbildungen im Blut der großen Körpervene seien – letztlich durch Resonanzübertragung via Brustkorb und Luftröhre – für die Tonerzeugung verantwortlich. Ähnliches postulierte man für Schwingungen im Bereich der Rippenmuskulatur. Sehr viel glaubhafter: die Stimmbandtheorie. Danach sollen die Stimmbänder beim Atmen willkürlich ins Vibrieren versetzt werden und so die Schnurrlaute hervorrufen. Variante dieses Erklärungsmodells: Nicht die normalen, sondern die »falschen Stimmbänder«, besondere Hautfalten am Kehlkopf der Katze, sind letztlich fürs Schnurren verantwortlich. Neuere stimmphysiologische Untersuchungen bestätigen fast fünfzig Jahre alte Experimente, die zu dem Schluß kamen, daß das Schnurren eindeutig im Kehlkopf erzeugt wird und keinesfalls auf besonderen anatomischen Gegebenheiten basiert. Beim Schnurren ziehen sich die Kehlkopfmuskeln durchschnittlich zwanzig- bis dreißigmal pro Sekunde zusammen, wobei lediglich die Randabschnitte der Stimmlippen in Bewegung versetzt werden. Bei einer Ton-

Schmuseselmsucht: Selbst Katzenlaien wissen, was diese Katze will. Das Schnurren untermalt die Streichelpose.

Das Glück ist eine schnurrende Katze: Angesichts der rundum zufriedenen Hauskatze braucht es kaum zusätzliche Erklärungen, warum Katzen uns Menschen guttun.

höhe von 25 Hertz (Schwingungen in der Sekunde) liegt die Lautstärke auf einem (Flüster-)Niveau von etwa zwei Phon. Teilweise schnurren Katzen sogar im Tonbereich unterhalb der menschlichen Hörschwelle. Diese Lautäußerungen lassen sich dann zwangsläufig nur als Körpervibrationen ertasten. Den Wechsel zwischen Schnurren beim Einatmen und Schnurrren beim Ausatmen registriert unser Ohr nicht, wir hören nichts anderes als ein gleichmäßiges, oft langandauerndes, beruhigend wirkendes Brummen. Weder in Klangfarbe, Häufigkeit und Dauer hat man eine Abhängigkeit des Schnurrens von Größe, Gewicht, Geschlecht oder Alter der Katzen feststellen können. Sehr wohl aber lassen sich zwischen ausgesprochenen Schnurrverweigerern, Leise-Schnurrern und Tieren, deren Schnurren volltönenden Raumklang hat, unüberhörbare individuelle Unterschiede ausmachen. Schnurren ist für Katzen so etwas wie eine lautsprachliche Zweitbeschäftigung: Gleichzeitig und ohne die Schnurraktivität zu unterbrechen, können sie noch andere Töne hervorbringen: beispielsweise ein typisches Miau. Es gibt Hauskatzen, die stundenlang mit Hingabe schnurren, wenn ihnen danach ist. So kommt dem Schnurren eine weitere Besonderheit zu: In Sachen Dauertonproduktion finden sich im ganzen Tierreich nur wenige Kontrahenten, die schnurrenden Katzen Paroli bieten könnten.

Wie schnurren Katzen? Die scheinbar simple Frage sorgte lange genug für genügend Verwirrung. Warum schnurren Katzen? Man ahnt es schon: Hinter vorschnellen Antworten lauert auch hier ein vielfaches Wenn und Aber. Trägt man sämtliche Situationen zusammen, in denen Katzen schnurren, macht sich zuerst einmal Erstaunen breit. Denn wer bis dato annahm, das Schnurren der Katzen sei einzig und allein Ausdruck von Wohlgefühl und Zufriedenheit, sieht sich getäuscht: Auch schwerverletzte Katzen und selbst Tiere kurz vor ihrem Tod schnurren. Ebenso wie Katzenmütter während der Geburt ihrer Kinder. Nicht nur auf diesem Gebiet des Katzenverhaltens hat Paul Leyhausen, viele Jahre Professor am Max-Planck-Institut für Verhaltensphysiologie in Wuppertal, wegweisende

Pionierarbeit geleistet: Er sieht im Schnurren erwachsener Katzen eine Symbolhandlung, die je nach Situation und sozialem Zusammenhang von der ursprünglichen Funktion abweicht. Diese ursprüngliche Bedeutung besteht offensichtlich in einer Rückmeldung an die säugende Mutterkatze, daß mit ihren Kindern alles in Ordnung ist. Das Schnurren ist als Informationsträger besonders prädestiniert, weil die Säuglinge ihren Mund zur Lautgebung nicht öffnen müssen. Sie können sich weiter an der Zitze festhalten und sogar gleichzeitig schlucken. Später schnurren Katzen in sehr unterschiedlichen Situationen: die Katzenmutter bei ihrer Rückkehr ins Wurflager zur Beruhigung der Jungen; junge wie erwachsene Katzen zur gegenseitigen Spielaufforderung; schwache oder kranke Tiere angesichts überlegener Artgenossen oder Feinde. Bei einer solchen Konfrontation erfährt das Schnurren folglich eine Bedeutungserweiterung und dient dann vorrangig der Beschwichtigung und als Friedensangebot. Wohlbefinden und Zufriedenheit signalisieren – das ist jedoch sicherlich die zentrale Aufgabe dieser eigentümlichen Sonderform der Katzensprache. Und sie erfüllt ihren Zweck absolut perfekt! Nicht nur bei neugeborenen, noch blinden Kätzchen, bei denen Geruchssinn und Gehör noch nicht voll entwickelt sind und die so in erster Linie auf die Körpervibrationen reagieren, die ihre schnurrende Mutter erzeugt. Auch im Umgang mit ihrem Menschen kann eine Hauskatze wohl kaum besser ausdrücken, wie gern sie mit ihm zusammenlebt, als durch ihr Schnurren. Daß sie aus Dankbarkeit für die wohltuend-entspannende Wirkung einiger Streicheleinheiten ihre schönsten Schnurrkonzerte inszeniert, verführt beide Seiten immer wieder aufs neue zu gemeinsamen Schmusestündchen. Zum Glück der Katze und zum Glück des Menschen.

Wohlig weich: Die heimatlich-heimelige Umgebung, ein ruhiges und warmes Ruheplätzchen, das vertraute Schmusekissen sind die besten Voraussetzungen, eine Katze zum Schnurren zu animieren.

Kapitel 15

DIE STRATEGIE DES SCHMUSENS

Katzen denken positiv! Oder anders ausgedrückt: Am Anfang steht das Vertrauen. Zumindest bei Jungkatzen, die noch keinerlei böse Erfahrungen mit anderen Tieren oder dem Menschen gemacht haben. Feindbilder gibt es für sie nicht. Was auch für die angeblich ererbte Blutfeindschaft mit Hunden gilt. Wird eine Katzenmutter schließlich gar daran gehindert, ihrem Nachwuchs anhand toter oder lebender Mäuse praxisnahen Anschauungsunterricht im Beutemachen zu geben, wissen die Kätzchen später herzlich wenig mit den Kleinnagern anzufangen. Selbst wenn die ihnen auf Rücken oder Kopf herumkrabbeln. Vertrauensvolle Zuwendung und Kontaktbereitschaft oder Berührungsangst und abwehrende Aggression: die Weichen für ein harmonisches und partnerschaftliches Katzenleben werden bereits kurz nach der Geburt gestellt. Zwischen der zweiten und siebten Lebenswoche liegt die sensible Phase, in der erste Begegnungen mit Mensch und Tier das Verhalten und die Persönlichkeitsentwicklung der Katzenkinder besonders nachhaltig beeinflußen (siehe auch Kapitel 4). Wesentlich früher als man lange mutmaßte. Früher auch als beim zweiten engen Weggefährten des Menschen, dem Hund.

Das frühkindliche Vertrauen ist übertragbar: Der positiv-prägende Kontakt zu dem einen freundlichen Hundewesen ihrer Babytage bestimmt das Verhalten heranwachsender Katzen allen Hunden gegenüber; die liebevolle Nähe zum Erstbesitzer auch die spätere Partnerschaft mit anderen Menschen. Wer also sein Kätzchen bei einem Züchter kauft, dessen Tiere von Geburt an zur Familie gehören, darf ziemlich sicher sein, daß es sein neues Zuhause schnell akzeptiert. Doch Vertrauen und Zuneigung wollen bestätigt und gepflegt werden – auch und gerade bei Hauskatzen. Dafür gibt es eine probate und außerordentlich wirksame Arznei: Zärtlichkeit! Und zum Segen der Katzen und ihrer Menschen hat Zärtlichkeit eine eigene Dimension: die der Streichel- und Schmuseeinheit. Mit der dürftigen Vorstellung vom Anstupsen oder Pfoteauflegen wird man dabei dem, was Katzen unter Schmusen verstehen, wenig gerecht. Bereits im Kindesalter entwickeln sie nämlich ein wahrhaft komplexes Strategiekonzept, wenn es darum geht, ihre sozialen Sehnsüchte zu befriedigen. Die einzelnen Komponenten dieses Kontaktverhaltens stammen überwiegend aus Funktionskreisen des Sexualbereichs und der Katzenmutter-Katzenkind-Beziehung: Nase-zu-Nase-Begrüßung, Köpfchengeben, Berühren bzw. spieleri-

Gesellschaftsfähiger als viele glauben: Obwohl oft als unverträgliche Einzelgänger verschrien, schätzen vor allem Wohnungskatzen durchaus die Nähe und Gemeinschaft ihrer Artgenossen.

Fern-Sehen: Großmütig teilt man den aufregenden Aussichtsplatz auf dem Fenstersims mit dem Bruder.

sches Schlagen mit der Pfote, Körperreiben (speziell mit den Flanken), Schmuseliegen, Schwanzauflegen, rhythmischer Kralleneinsatz (Treteln), Präsentieren der Bauchpartie als Streichelaufforderung, zum Teil aber auch Leerlaufhandlungen ohne tatsächlichen Körperkontakt im Sinne reiner »Absichtserklärungen«.

Es mag übertrieben klingen, läßt sich im täglichen Umgang mit Hauskatzen aber jederzeit bestätigen: Zärtlichkeit und Nähe sind für Katzen letztlich sogar wichtiger als die regelmäßige Futternapffüllung! Katzen ohne Zärtlichkeit sind arme Katzen und je nach Dauer des Schmuseverzichts auch kranke Katzen. Wobei sich zum verarmten Seelenleben sehr schnell körperliche Funktionsstörungen inklusive erkennbar gestiegene Anfälligkeiten für Infektionen gesellen. Den ganz privaten, wenn auch unfreiwilligen und noch relativ harmlosen Test inszeniert so mancher Katzenbesitzer, der seinen Liebling während der Urlaubswochen alleine zu Hause zurückläßt. Natürlich nicht ohne für planmäßige Verköstigung und geregelte Freilaufzeiten durch Freunde, Nachbarn oder spezielle Cat-Sitter zu sorgen. Wie groß ist allerdings das Erstaunen, wenn man nach der Rückkehr ein kläglich maunzendes Etwas vorfindet, das wenig gemein hat mit der ausgeglichenen, aktiven und properen Vor-Urlaubs-Katze: deutlich abgemagert, mit struppigem und unsauberem Fell, völlig verschreckt, bei jedem ungewohnten Geräusch sofort unterm Schrank verschwunden und kaum für Spiel oder Spaziergang zu begeistern. Von der hartnäckigen Mißachtung des Toilettenplatzes gar nicht erst zu reden! Man weiß, daß ausgehungerte Katzen, die gleichzeitig auch auf Kontakte zu Menschen verzichten mußten, bei der nächsten Fütterung stets überschwenglich und vor allem anderen die vertraute Person begrüßten. Trotz verständlichen Heißhungers nahmen sie dabei ihr Futter nur auf die Schnelle und fast beiläufig auf, um sofort wieder schmuseaktiv zu werden.

Bei vielen Heim- und Haustieren ist das Gehirn im Vergleich zu dem ihrer wildlebenden Verwandten ein wenig verkleinert: Sie sind dümmer geworden, weil ihr Köpfchen nicht mehr gefordert wird und sie dem Menschen das Denken überlassen. Darüber hinaus haben sie sich viele kindliche Verhaltensweisen bewahrt. Auch hier aus Mangel an Notwendigkeit: Warum erwachsen werden und sich mit Erwachsenenproblemen herumschlagen, wenn die Übermutter Mensch rund um die Uhr präsent ist? Trotz aller Eigenständigkeit und Eigensinnigkeit gilt das auch für die Katzen. Unsere Hauskatzen kommen zeitlebens nicht aus den Windeln heraus. Und bekräftigen ihren Babystatus tagtäglich mit Begrüßungsorgien und Schmuseattacken, ganz wie in den rosa Zeiten mit der eigenen Mutter und den Wurfgeschwistern. Der Rückfall ins Kindliche erklärt letztlich auch, warum die Beziehung zwischen Katze und Mensch viel intensiver werden kann als die Kontakte von Katzen untereinander. Erwachsene Katzen werden zwangsläufig vorrangig als Konkurrenten oder mögliche Sexualpartner eingestuft, so daß sich offener Zärtlichkeitsaustausch von vornherein verbietet. Völlig überzeugt sind die Katzenforscher allerdings nicht von der Kindchen-These als alleiniger Erklärung fürs augenfällige Schmusebedürfnis der Katzen. Denn ähnliche soziale Anwandlungen, wie sie unsere domestizierten Hauskatzen an den Tag legen, hat man auch bei Wildformen der Katzenartigen dem Menschen gegenüber registriert. Bei Tieren also, die in freier Natur nur wenig Interesse am Umgang mit Artgenossen demonstrieren bzw. sich außerhalb der Paarungszeit nicht selten sogar heftig in die Haare geraten. Vermutet wird, daß speziell bei Katzen – aber auch bei

Mehr als nur Fellpflege: Gegenseitiges Schmuseliegen und Putzen festigen die sozialen Kontakte und sind Ausdruck der stabilen Rangordnung in einer Katzengemeinschaft.

anderen Säugetieren – Reste kindlicher Verhaltensmuster den Bindungsbruch zwischen Mutter und Kindern überdauern, später jedoch im Normalfall vom harten »Alltagsgeschäft« verdeckt werden. Nur in der Beziehung zum Menschen, der weder Rivale noch Geschlechtspartner ist, trotzdem aber einen stabilen sozialen Umgang zuläßt, darf man sich den Luxus erlauben, verschüttete Kinderträume neu zu beleben.

Köpfchengeben ist ein Teil des Begrüßungsrituals zwischen miteinander vertrauten Katzen, aber auch dem Menschen gegenüber. Stirn stößt an Stirn, danach streicht man mit Hals, Schulter und Flanke am Partner entlang. Da beim Menschen der Kopf meist außer Reichweite ist, sind seine Beine oder die ausgestreckte Hand Ziel des Köpfchengebens. In manchen Fällen wird die Geste nur angedeutet, ohne daß es zu direktem Körperkontakt kommt. Typische begleitende Lautgebung: Maunzen und Schnurren. Köpfchengeben erweckt häufig – vor allem bei mehrfacher Wiederholung – den Anschein, als würden sich die Katzen ihre Streicheleinheiten »selbst abholen«. Vor allem wenn sich Flankenreiben und das Auflegen des Schwanzes als deutliches Signal der Vertrautheit und Liebkosung anschließen. Beim Begrüßungsschmusen werden auch Duftstoffe zwischen Katze und Mensch transportiert. Gerüche, die für unsere Nasen zu fein, für die Katze aber wichtige Signale zur Erkennung vertrauter Menschen (und Artgenossen) sind. Entsprechende Duftdrüsen liegen bei ihr im Schläfenbereich, in der Mundhöhle und an der Schwanzwurzel. Ohne daß wir es bemerken, überträgt sie dabei gleichzeitig ihren Eigengeruch auf uns.

Katzen lassen uns wissen, wann sie empfänglich sind für Streicheleinheiten. Zum Beispiel durch den steil aufgerichteten Schwanz, der sowohl Bestandteil der Begrüßungszeremonie wie Aufforderung zum Schmusen ist. Oder durch Bauch-Präsentieren: Die Katze

Siesta zu zweit: Wärme ist Katzen wichtig, vor allem auch während der Döse- und Schlafzeiten. Die Kuschelnähe und Körperwärme einer ebenso schläfrigen Partnerin kommen da gerade recht.

rollt sich auf den Rücken und animiert den Menschen zum Streicheln ihrer Bauchregion. Ein Verhalten, daß nur wenigen, sehr vertrauten Personen gegenüber gezeigt wird, da diese verletzliche Körperpartie ansonsten nur höchst ungern dargeboten wird. Die Rückenlage als Einladung zum Liebkosen bringt eine Katze oft aber auch in Gewissensnot. Denn in dieser Position werden auch Kontrahenten und Feinde abgewehrt, indem man sich sehr effektvoll mit allen vier Pfoten (und den zugehörigen Krallen) verteidigt. Und so kann es trotz eindeutiger Stimmungslage dann und wann passieren, daß die Katze während des Schmusens ungewollt mit den Hinterpfoten nach der menschlichen Hand schlägt. Wann Schmusezeit ist, legt eine Hauskatze fast immer in eigener Regie fest. Fragen, ob es denn genehm ist, darf man aber durchaus: Am einfachsten, indem man ihr den Handrücken vor die Wange hält und abwartet, bis sie das Streichelangebot von selbst akzeptiert. Einige Katzenforscher vertreten übrigens die These, daß es Streichel- und Spielkatzen gibt. Auf der einen Seite also den Typus der Hauskatze, die im Umgang mit Menschen behutsames Schmusen bevorzugt, auf der anderen all die Katzen, die ihre Beziehung im gemeinsamen Spiel bestätigen. Insgesamt sind Katzen in Sachen Streicheleinheiten eigentlich ausgemachte Egoisten: Sie holen sich, was sie brauchen. Und doch geben sie uns eine ganze Menge dafür. Neuere Analysen belegen nämlich, daß Menschen mit regelmäßigem Streichelkontakt zu Katzen eindeutig gesünder und ausgeglichener sind. Ihr Blutdruck sinkt, die Pulsfrequenz verlangsamt sich, die Atmung wird gleichmäßiger, Streßfaktoren werden zunehmend abgebaut. Vor allem in den USA macht man sich diese therapeutische Wirkung von Katzen (aber auch anderer Heimtiere) in Krankenhäusern, Altenheimen und Reha-Zentren bereits gezielt zunutze. Das Glück der Katze ist das Glück des Menschen. Was zu beweisen war.

Licht, Luft und ein verschwiegenes Plätzchen: Sonne heißt Wohlfühlen. Wärme tanken in der Sommersonne zählt zu den erklärten Lieblingsjobs der Hauskatze.

Kapitel 16

DIE SONDERBAREN VORLIEBEN DER KATZEN

Mit Wünschen und Sehnsüchten ist es so eine Sache. Vor allem wenn man zu den angeblich oder tatsächlich domestizierten Heimtieren gehört. Was ja schließlich nichts anderes heißt, als seine eigenen Vorstellungen denen des menschlichen Partners anzupassen oder gar unterzuordnen. Man tut es teils anerzogenermaßen, teils freiwillig, teils mit der Aussicht auf entsprechende Gegenleistungen. Ein verläßliches Zuhause etwa, die regelmäßige Futterration, Versorgung, Pflege und nicht zuletzt Streicheleinheiten. Zwangsläufig bleiben manche der insgeheimen und ursprünglichen Wünsche und Sehnsüchte auf der Strecke, will man nicht böse Worte oder Liebesentzug riskieren. Unsere Hauskatzen haben sich jedoch auch im Zusammenleben mit dem Menschen einen Teil ihres Wildkatzenerbes und ihrer zumindest zeitweise einzelgängerischen Lebensweise bewahrt. Wesentlich mehr jedenfalls als Hunde, denen der Drang ins Familiäre tief in den alten Wolfsknochen und im überlieferten Rudelverständnis sitzt. Katzen haben Vorlieben. Und Katzen beharren auf ihren Lieblingsvorlieben. Selten, daß man ihnen Vorlieben, die ihr Besitzer gar nicht liebt, abgewöhnen kann. Wenn, dann klappt das nur durch sogenannte positive Verstärkung, also durch Alternativangebote, an die ganz besondere Verlockungen gekoppelt sind. Aber natürlich gibt es auch die anderen: Vorlieben und Lieblingsbeschäftigungen der Hauskatze, die katzentypisch sind, aber niemandem Verdruß bereiten oder gar Schaden anrichten.

Katzen lieben Wärme. Katzen tanken regelrecht Wärme, indem sie sich für eine bestimmte Zeitspanne in die pralle Sonne legen. Da sie nicht respektive kaum schwitzen können (nur über Pfotenballen und Zunge), regulieren sie ihr Wärmebedürfnis durch den häufigen Wechsel des Schlaf- und Ruheplatzes zwischen Sonne und kühlem Schatten. Wohlige Wärme scheint eine der Grundvoraussetzungen für den Schlaf der Katze zu sein. Manche Wohnungskatzen suchen sich ihr Schlafplätzchen an den abenteuerlichsten, aus dem Blickwinkel des Menschen oft absolut unbequemen Orten. Zum Beispiel auf den harten Rippen eines Heizkörpers oder dem Gitterrost vor dem Ofen. Hauptsache warm! Ersatzweise nimmt man auch mit Kuscheldecke oder den Daunenkissen in Herrchens Bett vorlieb.

Katzen lieben Müßiggang und sparsame Körperaktion. Das geringe Bewegungsbedürfnis ist nicht zuletzt ein mitentscheidendes Kriterium bei der Frage, ob reine Wohnungs-

Höhlenleben: Katzen mögen Kisten, Kästen und Koffer. Verstecke bieten ihnen Sicherheit und Zuflucht.

Knabberkost: Wer ein gutes Gebiß hat und manchmal kräftig zubeißen will, muß es funktionstüchtig halten.

Verrückte Vorliebe: Nicht immer bequem sind die oft verblüffenden Lieblingsplätze einer Wohnungskatze.

haltung artgerecht ist. Werden die Jagdinstinkte der Katze durch regelmäßige Spielprogramme mit dem Menschen (oder der Zweitkatze) befriedigt und widmet man ihr auch sonst genügend Zeit und Aufmerksamkeit, dann fehlt es einer Wohnungskatze an nichts! Besonders wenn man in Rechnung stellt, daß sie 16 bis 20 Stunden des Tages verschläft oder verdöst. Hunde, denen man das tägliche Gassigehen vorenthält, werden zusehends unausgeglichener und quengeliger. Bei Katzen beobachtet man einen derartig auffälligen Bewegungsdrang selten, obwohl sie gegen Abend erkennbar aktiver und verspielter werden. Wenig verwunderlich angesichts der Hauptpirschzeit, die jetzt bei ihren wilden, in der Dämmerung jagenden Verwandten und natürlich auch bei den Hauskatzen mit Auslauf ansteht.

Katzen lieben Höhlen. Hohle Baumstämme, dunkle Scheunen, im Haus Schrankfächer, Vorhangecken, Kisten, Wäschekörbe, Koffer, Taschen und vieles mehr, das Schutz nach allen Seiten, aber möglichst freie Sicht nach draußen bietet. Sehen, aber nicht gesehen werden, heißt die Katzendevise. Für die gebürtige Jägerin ein lebendiges Erbe. Vorsicht bei Waschmaschinen: Nur zu gerne verschwindet die Katze des Hauses im Inneren, vor allem, wenn die Trommel mit noch ungewaschenen Wäschestücken gefüllt ist.

Katzen lieben Aussichtsplätze. Ein höhlenartiger Beobachtungsposten ist natürlich akzeptabel. Noch besser allerdings, wenn er möglichst hoch liegt. Höhe bringt Vorteile: Übersicht über alles, was rundum passiert, Sicherheit vor ungeliebten Hunden und anderen zudringlichen Tieren und nicht zuletzt die strategisch günstige Ausgangsposition beim möglichen Zoff mit arteigener Konkurrenz. Selbst körperlich unterlegene Katzen haben gute Siegchancen, wenn sie von oben herab Pfotenhiebe austeilen können.

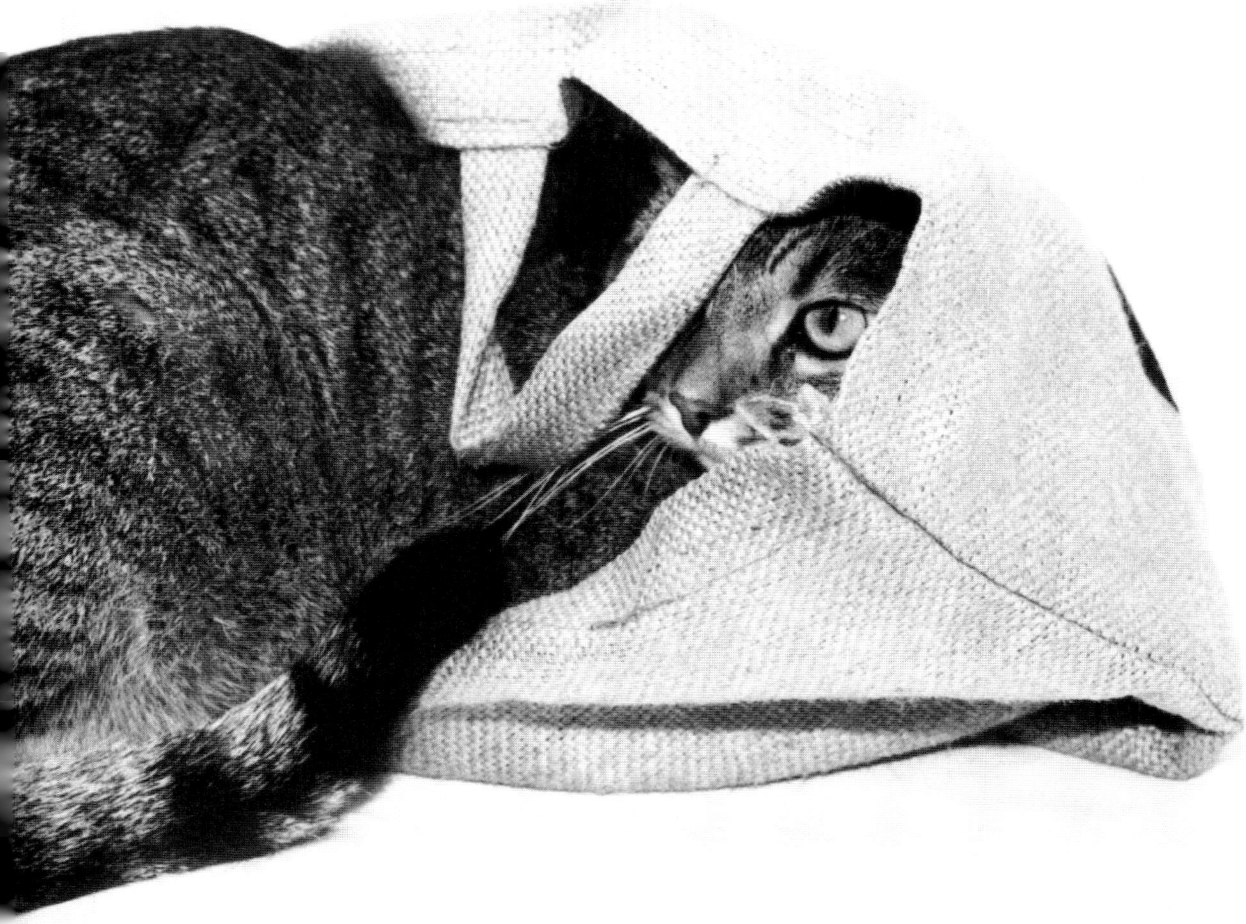

Und dann die Neugier: Katzen interessieren sich für alles in ihrer Nähe. Natürlich auch fürs Innenleben einer Tragetasche.

Katzen lieben es geregelt. In bezug auf ihren täglichen Terminplan erweisen sich Katzen als die absoluten Pedanten: Der morgendliche Kontrollgang durchs Revier, das Mittagsschläfchen, die Essenszeiten und die Schmusestündchen – alles bitte zur exakt gleichen Zeit wie gestern und vorgestern! Aber auch bei der Topographie des heimatlichen Umfelds, sprich der Wohnungseinrichtung und der Beschaffenheit ihres Territoriums, sind Katzen fanatische Gewohnheitstiere. Veränderungen und Umstellungen honorieren sie mit Mißfallen, Verweigerung oder Protest. Wer mehrfach hintereinander das gewohnte abendliche Streichelstündchen mit seiner Katze vergißt, wird nicht selten mit geruchsaktiven Hinterlassenschaften auf Teppich oder Treppe nachdrücklich daran erinnert.

Katzen lieben Körperlichkeit. Die Fell- oder Hautnähe vertrauter Tiere oder Menschen gibt Wärme, Schutz und Geborgenheit. Das Vermächtnis aus Katzenkindertagen, als man sich nur im Kuschelkreis mit Wurfgeschwistern und Mutter wohl fühlte. Kontaktaufnahme durch Köpfchengeben oder mit der Pfote, Kontaktreiben mit der vollen Körperbreitseite, Nasenkontakt als Begrüßungsritual und zum Beschnuppern, Kontaktliegen: Hauskatzen lassen ihre Menschen nie im unklaren, wann und was sie von ihnen erwarten. Wer sich allerdings den Kontaktattacken seiner Katze jederzeit und ohne Widerspruch ergibt, darf sich nicht wundern, wenn sie den Vorzugsplatz auf seinem Schoß beansprucht, wann immer es ihr in den Sinn kommt und wann immer sich eine Gelegenheit bietet. Wenn sie sich im Bett breitmacht (vorzugsweise auf Rücken oder Bauch ihres Menschen), kaum daß Schlafenszeit angesagt ist. Wenn sie ihn lautstark und unaufhörlich maunzend zu Streichelaktionen veranlaßt, obgleich der letzte Durchgang keine fünf Minuten zurückliegt.

Spaß am Spiel: Unverkennbar Jagdlust signalisiert der Blick der Katze im Koffer. Selbst wenn's nur um eine Stoffmaus geht.

Rückzug in die Röhre: Ringsherum geschlossen und trotzdem mit Ausguck. So wünschen sich Katzen einen Logenplatz.

Katzen lieben Katzengras. Mangels wildwachsender Naturangebote akzeptieren Wohnungskatzen auch die Alternativofferte aus dem Katzengrasschälchen. Ob Zimmerpapyrus, das Grün des englisch-kurzgeschorenen Vorgartenrasens oder eben käufliche Bio-Kost, Katzen jedweder Provenienz brauchen Gras und lieben Gras. Zumindest von Zeit zu Zeit. Warum das so ist, hat die Experten schon immer beschäftigt. Und beschäftigt sie noch heute. Mögliche Erklärungen: Gras dient zur Magen-Darm-Regulierung. Eine Art Abführmittel, um vor allem lästige Haarballen, die von den beim Putzen verschluckten Haaren stammen, auf natürliche Weise zu entsorgen. Erklärungsversuch Nummer zwei: um eben diese Haarballen gezielt zu erbrechen. Versuch Nummer drei: um Hals- oder Magenentzündungen zu lindern. Jüngeren Datums ist Erklärung Nummer vier: Danach sollen Katzen beim Graskauen speziell das Vitamin Folsäure aufnehmen, das für die Produktion des Blutfarbstoffs Hämoglobin und so letztlich für Wachstum und Gesundheit wichtig ist. Achtung! Katzen, denen kein Gras angeboten wird, knabbern ersatzweise an anderen Pflanzen. Trotz ihrer sonst üblichen Zurückhaltung und Vorsicht machen sie dabei leider auch vor Giftpflanzen nicht immer halt.

Katzen lieben es leise und sanft, dezent und mild, gedämpft und ruhig. Leise und sanft, wenn wir mit und zu ihnen sprechen. Auf Schreien und harsche Töne reagieren Katzen mit Abwehr. Dezent und mild bei den

Holzhaus mit tausend Türen: Ein Spiel- und Versteckplatz der unbegrenzten Möglichkeiten ist der Holzstapel für diese Katze.

Gerüchen. Ihr feines Näschen nimmt Duftstoffe viel stärker wahr als unser vergleichsweise unterentwickeltes Riechorgan. Zitrusduft und Essig beispielsweise sind Katzen ein wahrer Greuel. (Achtung! Katzentoiletten mit festem Dachaufsatz werden oft genug verweigert, wenn sich unter der Plastikhaube zu viel Gestank ansammelt.) Gedämpft ist bei der Beleuchtung erste Katzenwahl. Bei grellem, kaltem Halogen- oder Spotlicht fühlen sie sich nicht wohl. Ruhe schließlich ist der Katzenherzenswunsch an alle menschlichen Katzenfreunde. Hektiker und Rumpelstilzchen, die unentwegt herumzappeln und wild mit Armen und Beinen fuchteln, versetzen Katzen in Angst und Schrecken. Katzen lieben Spiele. Und sie brauchen sie auch für Wohlbefinden und Seelenbalance. Vor allem bei Stubenhockern, die ihren Jagdtrieb nicht auf der Original-Mäusepirsch ausleben können, sollte man mit Papierkügelchen, Spielmäusen, Tischtennisbällen und anderem für Ausgleich sorgen. Dabei braucht's besondere Spielobjekte aus dem Fachhandel kaum. Mit dem traditionellen Wollknäuel, raschelndem Papier oder einem Pappkarton als Versteck macht man jede Katze glücklich. Nicht zuletzt festigt das gemeinsame Spiel die Partnerbindung zwischen Katze und Mensch.

Katzen lieben Frischluft. Zumindest dann und wann. Bei Freigängern erübrigt sich die Initiative, bei Wohnungskatzen schafft der Balkon Abhilfe. Voraussetzung: frei von Zugluft, gegen Absturz gesichert (spezielle Katzenschutznetze im Handel) und mit Schattenplatz oder Rückzugsmöglichkeit ins Wohnungsinnere.

Katzen lieben Sauberkeit. Vor allem die eigene. Das Putzen gehört zu den erklärten Lieblingsbeschäftigungen. Es sorgt nicht nur fürs attraktive Outfit, sondern dient der Gesunderhaltung. Manche Rassekatzen, vor allem die langhaarigen, brauchen unsere regelmäßige Pflegeunterstützung. Gewöhnt man sie schon im Kätzchenalter an die Prozedur, genießen sie Bürste und Kamm wie die streichelnde Hand ihres Besitzers. Sauberkeit ist darüber hinaus aber auch oberstes Gebot für die Katzentoilette und für Freß- und Wassernäpfe.

Katzen lieben Expeditionen ins Unbekannte. Typisch für hochentwickelte Säugetiere: Neugier und Erkundungs- (Explorations-)Verhalten. Damit hält man Körper und Geist fit, wird vertraut mit fremder Umgebung und neuen Situationen. Katzen mit Auslauf regulieren ihren Erkundungsdrang eigenständig, für die im Haus sollte man von Zeit zu Zeit mit Kisten, Kästen, Suchspielen oder einem Abenteuerparcours entsprechende Herausforderungen schaffen. Aber bitte nicht die gesamte Wohnungseinrichtung umbauen, weil das wiederum mit dem Gewohnheitsprinzip (siehe oben) in Konflikt geraten kann. Abwechslung vom Alltagstrott ist gleichzeitig auch das Patentrezept gegen Langeweile. Und welche Untugenden alleingelassene Hauskatzen aus Langeweile produzieren, das wissen leidgeprüfte Katzenmenschen nur zu gut.

Katzen lieben Katzenminze. Und Baldrian. Wobei von Liebe eigentlich nicht die Rede sein kann, denn die meisten Katzen sind völlig verrückt nach Minze und Baldrian. Verantwortlich für die Überreaktion sind bestimmte Öle in Stiel und Blättern der Pflanzen. Katzen, die die Duftstoffe in die Nase bekommen, beginnen zu flehmen (mit leicht offenem Mund werden Düfte mit einem speziellen Organ im Gaumendach gleichsam »geschmeckt«), wirken völlig entrückt und berauscht. Tatsächlich entsprechen die Reaktionen denen von Haschisch oder LSD beim Menschen. Mit dem Unterschied, das der Geruchstrip für die Katze absolut harmlos ist.

Katzen lieben die Liebe. Obwohl das entschieden weniger eine Vor- als eine Hauptliebe ist. Wie auch immer: Liebestolle Kater und liebesbereite Kätzinnen vergessen sich und die Welt. Selbst wenn die Katzendame ihrem Liebhaber direkt nach der Paarung eine saftige Ohrfeige verpaßt, läßt der sich noch lange nicht entmutigen.

Tragbares Zuhause: Ein Katzenkorb bietet auch auf Reisen Sicherheit und das vertraute Heimatgefühl.

Zweitwohnung: Genau den Katzengeschmack trifft die Reisetasche.
Auf Reisen gehen mögen Katzen jedoch weniger.

Kapitel 17

KATZENLIEBE GEHT SELTSAME WEGE

Katzen sind sanfte Wesen. Behutsam, vorsichtig, leise, rücksichtsvoll und geduldig. Das ist alles richtig und kann getrost unterschrieben werden. Vorausgesetzt, man präzisiert die Aussage wie folgt: Katzen sind sanfte Wesen von April bis Mai und von August bis Dezember. Was diese Monatsangaben sollen? Ganz einfach: die Zeitspanne von Mitte Januar bis Anfang März und von Juni bis Juli ausklammern. Denn von Januar bis März und – nicht immer, aber manchmal auch – von Juni bis Juli sind sie gar nicht sanft, behutsam und leise. Und all das nicht, was wir so sehr an Katzen mögen. Weil jetzt die hohe Zeit der Lust ist, der Lust auf Liebe. Katzenliebe kann sehr seltsame Wege gehen, Katzenliebe kann vieles sein. Aber eines auf jeden Fall nicht: zärtlich und zuvorkommend. Katzenliebe ist laut, heftig und aggressiv.

Daß die Macht der Gefühle übermächtig werden kann, müssen wir sicher nicht erst am kätzischen Liebesleben studieren. Daß sie aber gerade bei den lautlosen Pirschgängern der Nacht so öffentlich und unüberhörbar, so zeternd und keifend vonstatten geht, verwundert doch. Zuständig für die phonstarken Ankündigungen intimster Herzenswünsche ist der männliche Teil der Katzengesellschaft: Kater, die sich in abgelegenen Hinterhöfen, auf verlassenen Parkplätzen, in verwilderten Gärten oder stillen Seitenstraßen ein Stelldichein geben und ebenso lautstark wie leidenschaftlich ihre allerschönsten Sangeskünste zum besten geben – oder das, was sie dafür halten. Natürlich bitte schön ausschließlich nachts. Sicher wäre es vermessen, der Liedertafel Absicht und Vorplanung zu unterstellen, wenn sie die Bevölkerung eines halben Wohnviertels aus dem Schlaf reißt, aber man darf gewiß sein, daß es den Radaubrüdern trotzdem völlig schnuppe ist. Liebestolle Kater haben offenkundig nur das eine im Kopf, vorausgesetzt, es geht in den Momenten meisterlicher musikalischer Höchstleistungen überhaupt etwas in ihren Dickschädeln vor sich. Daß diese Darbietungen an das Crescendo von Kreissägen, den infernalischen Lärm der Feuerwehrsirenen und ans Scheppern Dutzender Blechdosen auf Kopfsteinpflaster erinnern, bedarf nicht erst landesweiter Umfragen. Doch halt, man sollte der Liebeslust und dem Liebesleben der Katzen nicht sämtliche Ehren verwehren: Das, was die paarungswilligen Herren dort produzieren, ist nämlich eher das Vorspiel unter Gleichgesinnten. Bei ihren markerschütternden Schreien in der Nacht geht's eigentlich noch gar nicht um die Damen, vielmehr versucht man mit dem furchteinflößenden Geheul der leidigen Konkurrenz den Marsch zu blasen.

Stationen zwischen Zuneigung und Distanz: Zum Sozialleben der Hauskatze gehören Burgfrieden und Neutralität am Futternapf (oben links) ebenso wie unmißverständliche Sympathiebekundungen durch Auflegen des Schwanzes beim Partner (Mitte links), aber auch der Rückzug in die private Solo-Sphäre (unten links) und behutsame Versuche, erste zarte Kontakte zu knüpfen (rechts).

Das klappt jedoch nur selten, so daß man um den entsprechend aussagekräftigen Schlagabtausch kaum herumkommt. Der selbstredend wieder von heftigstem Gekeife untermalt wird.

Was all die Aufregung letztlich soll, weiß keiner. Denn eigentlich ist es nur viel Lärm um nichts, den die Freier hier produzieren. Weil in Liebesdingen bei den Katzen nur eine den Ton angibt: die Kätzin. Zwischen dem siebten und neunten Monat, Siamesinnen früher, werden die jungen Damen geschlechtsreif und rufen nach dem Kater. Das jedenfalls hört sich wesentlich angenehmer an als das Männergeschrei. Auch wenn die Laute, die eine liebesbereite Kätzin hervorbringt, zum Teil schon recht merkwürdig klingen: Sie zirpt, sie schnattert, sie klagt mit langgezogenen, monotonen Tönen. Alles durchaus erträglich. Weniger erträglich: die Aufdringlichkeit rolliger Kätzinnen. Bei »rollig« weiß man schon, wie der Hase läuft: Die brünstige Katze rollt sich unentwegt über den Boden, Kopf und Flanken werden an allen möglichen Gegenständen oder am Bein des Menschen gerieben, schließlich präsentiert man mit charakteristisch durchgebogenem Kreuz und zur Seite gelegtem Schwanz das Hinterteil und klagt mit nervtötender Stetigkeit Freigang ein. Zwecks der Nähe zu den Katern. In der Regel werden Kätzinnen zwei- bis dreimal jährlich heiß und sind während dieser Periode drei bis vier Tage paarungsbereit. Die Kater der Straße, die ein feines Näschen für das Parfüm der Liebe haben, lassen selten lange auf sich warten. Lebt die rollige Kätzin mit halbwüchsigem Nachwuchs zusammen, ist es mit der verriegelten Haustür nicht getan. Der eigene Sohn steht nur zu gerne zu Diensten: Die Liebe zwischen Geschwistern oder Mutter und Sohn ist in Katzenkreisen nie ein Tabu gewesen.

Das Liebesleben der Katzen hängt vom Wetter, Licht und anderen Auslösern ab. Da die in einer stets wohltemperierten Wohnung gleich-

Traute Zweisamkeit: Bei Katzen, die aneinander gewöhnt sind, beschränkt sich Zuneigung nicht nur auf die Zeiten der Liebe.

bleiben, können reine Hauskatzen durchaus alle zwei oder vier Wochen rollig werden, falls sich zwischenzeitlich kein akzeptabler Partner einstellen sollte. Die Kater hingegen kümmern sich nicht die Bohne um Tageslänge oder irgendwelche Vorzugstemperaturen: Sie sind immer für die Liebe zu haben. Die Entscheidung, wann und mit wem, trifft jedoch alleine die Kätzin. Nicht ungewöhnlich, denn Damenwahl ist im Tierreich weitverbreitet. Die Kater hüten sich, einer noch unwilligen oder unentschlossenen Katzendame zu nahe zu kommen, die postwendende und schmerzhafte Abfuhr bleibt garantiert nicht aus. Beim Paarungsvorspiel bestimmt Individualität die Szene. Wird der Freier anfangs mit Fauchen und Pfotenhieben abgewehrt, hoppelt die Kätzin bald darauf einige Meter weit, um ihn von dort mit leisen Rufen zu locken. Kokettierflucht nennen die Verhaltenskundler das aufreizende Hasch-mich-Spielchen. Nach welchen Kriterien eine Kätzin schließlich ihren Freier wählt, bleibt allein ihr kleines Geheimnis. Auf jeden Fall muß es weder der größte Schreihals noch ein unwiderstehlicher Schönling oder der kampfstärkste Rambo sein, manchmal wird sogar ein völlig unscheinbares Katerchen bevorzugt. Trotz allem haben nicht selten die erfahrenen Liebesdiener die Nase vorn: Sie überrumpeln die Kätzin in einem Moment, wo sie sich nicht allzu widerspenstig zeigt, packen sie mit den Zähnen im Nacken und reiten auf. Die Paarung selbst ist ein Sekundenakt. Für die Kätzin allerdings ein schmerzhafter, weil der Penis des Katers kräftige Stacheln trägt. Jetzt tut Eile not. Bringt sich der Liebhaber nicht umgehend in Sicherheit, dreht sich die Kätzin mit einem durchdringenden Schrei um und fährt ihm mit der Pfote quer durchs Gesicht. Der Rest der Mitbewerber braucht indessen aber die Hoffnung keinesfalls fahren lassen: Während der hohen Zeit ihrer Liebesbereitschaft akzeptiert die Kätzin durchaus mehrere Herren. Oft ist sie bereits wenige Minuten nach einem Deckakt wieder paarungsbereit. Das verblüffende Ergebnis der Geschichte mit den vielen Freiern: Selbst die Kätzchen innerhalb eines Wurfs können verschiedene Väter haben!

Bei Katzen, die in trauter Wohngemeinschaft miteinander leben, laufen Werbung und Hochzeit meist wesentlich dezenter und liebevoller ab als draußen vor der Tür, wo die Katerkonkurrenz groß und die Sitten rauh sind. Doch auch hier sollte der Pascha des Hauses nicht auf Vorzugsbehandlung hoffen. Kommt es der Kätzin in den Sinn und sind Alternativen in Reichweite, bleibt die Partnertreue von jetzt auf gleich auf der Strecke. Doch irgendwo und irgendwann gibt es auch die Katzenpärchen, die seit Jahren in inniger Zuneigung verbunden sind und sich sogar in den schwierigen Zeiten der Liebe die Treue halten. Wo der Kater nachdrücklich unter Beweis stellt, daß er als Liebhaber etwas vom Liebhaben versteht.

Einen Punkt jedoch sollten alle Katzenhalter und Katzenfreunde nicht vergessen: Katzenliebe macht Katzenkinder. Bei drei Würfen pro Jahr mit jeweils vier bis sechs Kätzchen kann eine Katzenmutter durchschnittlich 15 Junge großziehen. Mit spätestens einem Jahr denken auch die bereits an Nachwuchs. Und so weiter. Ein Rechenexempel zwar, doch angesichts der vielen streunenden Katzen hierzulande bleibt die Realität leider nicht allzuweit hinter der Theorie zurück. Allen Katzenbesitzern, die mit ihren Tieren nicht züchten wollen, sei daher ins Stammbuch geschrieben: Allein die Kastration schützt vor weiterem Katzenelend. Sowohl für Kätzin wie für Kater ist sie heute längst zum gängigen und gefahrlosen Eingriff geworden. Der nicht nur vor unerwünschtem Kindersegen schützt, sondern auch dem Streß und der Frustration unerfüllter Liebeswilligkeit ein Ende bereitet.

Zunge für die Zärtlichkeit: Gegenseitiges Lecken und Putzen ist eine katzentypische Geste von Zutrauen und Vertrauen.

Kapitel 18

DAS EINMALEINS DER KATZENWÄSCHE

Na, ist es nicht ein tolles Kerlchen?« freut sich die ganze Familie, wenn der Sprößling zum erstenmal zielsicher nach seiner Rassel greift, wenn er zum erstenmal auf allen vieren über den Teppichboden krabbelt, wenn er endlich ohne fremde Hilfe auf seinen eigenen stämmigen Beinchen steht und schließlich gar probehalber und noch nicht besonders zungenfertig »Mama!« oder »Auto!« intoniert. Dinge, die wichtig sind, lernt Hänschen verständlicherweise sehr zeitig im Leben, wobei zu hoffen bleibt, daß bei den ersten Sprechübungen die Mama auch zukünfig das Rennen vor dem Auto macht. Katzenkinder und Menschenkinder haben viel gemeinsam, wenn es um die Sehnsucht nach Nähe und ständiger Fürsorge geht. Und doch gibt es bei den Katzenbabys einen Bereich, der sie grundlegend von den menschlichen Säuglingen unterscheidet, weil er dort höchstens als allzeit unerfüllbarer Wunschtraum vieler leidgeprüfter und unzählige Ein- bis Mehrwegwindeln wechselnder Mütter in Erscheinung tritt: die frühkindliche Sauberkeit. Verblüffend genug, aber Tatsache: Die erste Tätigkeit, die Kätzchen selbständig ausführen können, ist ihre Katzenwäsche. Mangels ausreichender Zeitvorgabe zum Beobachten und Erlernen des Reinlichkeitsrituals muß der Putztrieb angeboren und demzufolge für das ganze Katzenleben von zentraler Bedeutung sein.

Ist er auch. Putzen bedeutet für Katzen mehr als eine oberflächliche Schönheitskur. Putzen steht für perfekte und aufwendige Rundumreinigung, für Geruchsbindung, fürs Entsorgen von Schmutzteilchen, toten Haaren, Schmarotzern oder anderen unerwünschten Fellbewohnern, für den Erhalt der Struktur und Elastizität des Haarkleids, für die Ganzkörpermassage der Haut und die Anregung der Blutzirkulation. Das Leben der Katze ist ohne diese Körperhygiene undenkbar: Regelmäßiges Putzpflegen dient gleichermaßen der Gesunderhaltung und Krankheitsabwehr wie der Stabilisierung des seelischen Wohlbefindens. Vernachlässigte Pflege ist ein erstes, ernstes und (für den Katzenbesitzer) ernstzunehmendes Symptom physischer oder psychischer Probleme. Die ausgiebige Beschäftigung mit dem eigenen Körper ist ein wichtiges Indiz des ausgeglichenen und zufriedenen Lebens einer Hauskatze. In einem Satz: Die Katzenwäsche gehört zum Katzenglück. Befremdlich und unverständlich genug, daß wir Menschen gerade diese Wunderwäsche für Körper und Seele als etwas Halbherziges und fast schon Ehrenrühriges betrachten, wenn wir eine wassersparende

Biegetechnik:
Die Pflege entlegener Körperstellen erfordert akrobatischen Einsatz und eine bewegliche Wirbelsäule.

Pflichtprogramm:
Katzenwäsche ist keine Blitzreinigung.
Ein Hauptwaschgang verlangt penible Planung.

Waschung im Schnellgang als Katzenwäsche abqualifizieren.

Waschen können sich Katzen jederzeit und überall, das notwendige Zubehör ist immer dabei: die Katzenzunge als Waschlappen, Fellstriegel und vieles mehr, die Vorderpfoten als Hilfswerkzeuge für schwierige Körperpartien. Was beim flüchtigen Hinsehen gerade mal zum Milchauflecken taugt und dann und wann rosafarben und selbstvergessen mit der vordersten Spitze aus dem geschlossenem Mund hervorlugt, ist alles andere als ein nur einseitig einsetzbares Schlabberorgan. Die Katzenzunge massiert die Haut und sorgt für das wichtige Nachfetten des Fells, sie funktioniert mit ihren winzigen Raspelzähnen wie Kamm, Bürste und Striegel in einem, bringt das Haarkleid akkurat in Form und entfernt manchen Schmarotzer, Schmutz sowie abgestorbene Haare, sie verteilt gleich einem feuchten Waschlappen Speichel, der die mechanische Reinigung unterstützt und erleichtert, der erfrischt, belebt und speziell während der heißen Jahreszeit die wichtige Aufgabe des Temperaturausgleichs übernimmt (und im übrigen auch für den leicht süßlichen Körpergeruch einer Katze verantwortlich ist). Der Pfoteneinsatz als Waschhilfe ist dort Pflicht, wo die Zunge nicht mehr hinkommt. Das sind bei der extremen Gelenkigkeit des Katzenkörpers nur zwei Stellen: Kopf und Nacken. Mit der Zunge wird die Pfote – in der Regel die Schmalseite am Übergang von Sohle und Pfotenrücken – gründlich und penibel angefeuchtet, um mit ihr dann gemäß angeborener Waschanleitung und in häufig stereotypen Endloswiederholungen (Sauberkeit braucht seine Zeit!) übers Gesicht oder um die Ohren zu fahren. Obwohl das Waschritual im Grundmuster und in den Einzelaktionen bei allen Hauskatzen übereinstimmt, gibt es doch in Abfolge, Wiederholungszahl der Einzelsequenzen,

Landschaftspflege: Eine gesunde Katze spart bei der Wäsche ihres Fellkleides keinen Quadratzentimeter aus.

Gesamthäufigkeit und vor allem in der Ausdauer deutliche individuelle Unterschiede. Alle Katzen sind sauber. Doch einige sind sauberer. Vielleicht hat sich bereits ein neugieriger Katzenforscher um den statistischen Nachweis verdient gemacht, aber wie auch immer: Hier soll allein die überproportionale Häufung von Einzelbeobachtungen Erwähnung finden, wonach die Herren Kater in ihrem Sauberkeitsbestreben offensichtlich und generell etwas nachlässiger sind als die kätzische Damenwelt. Wobei man letzteren nicht selten sogar einen ausgeprägten Waschzwang attestieren kann, der viele Kätzinnen zu einer erstaunlichen Anzahl täglicher Waschgänge verleitet.

Katzenwäsche kostet Zeit. Zumindest das Vollprogramm mit Vor- und Hauptwäsche. Das ist in der Regel nach den Mahlzeiten, am zeitigen Morgen oder nach dem obligaten Marsch durchs Revier angesagt. Dann läßt eine gesunde Katze nichts aus. Zum Teil ist abenteuerliche Akrobatik gefragt, um mit der Zunge jeden Quadratzentimeter Fell zu erreichen. Der ernsthafte Eifer, mit dem sie ihren Säuberungspflichten nachkommt, ist nicht zu übersehen. Neben dem arttypischen, ausgeprägten Körperbewußtsein der Katze mit ein Grund dafür, daß die ganze Prozedur trotz oft aberwitziger Verrenkungen nie lächerlich wirkt. Die Spar- und Kurzzeittaste drücken Katzen je nach Bedarf immer mal zwischendurch. Zum Beispiel wenn sie sich gerade eine Portion Schmuseeinheiten abgeholt haben. Nicht weil sie der Geruch des vertrauten Menschen irritiert, aber die Streichelhand hat schließlich einige Verwirrung ins Fell gebracht. Zum Beispiel wenn man zwischen zwei Nickerchen erwacht und sich dehnt und streckt. Dann läßt sich auch eine Miniwäsche hinter den Ohren oder am Schwanzansatz zeitlich bequem unterbringen. Kurzwaschgänge stehen aber auch zu Zeiten ins Haus, wenn an Hygiene eigentlich niemand denkt. Selbst die Katze nicht. Wie es dazu kommt? Im Übersprung! Davon wissen die Katzen nichts, wohl aber die Katzenforscher. Sie haben nämlich herausgefunden, daß Sequenzen aus dem gewohnten Waschprogramm typisch sind für die sogenannten Übersprunghandlungen der Katzen. Derartige Handlungsabläufe werden produziert, wenn sich ein Tier in einer konflikthaften, eventuell sogar ausweglosen Situation befindet. Auch dem Menschen sind solche Momente nicht fremd: Fast jeder von uns hat sich schon aus Verlegenheit oder weil er nicht weiter weiß am Kopf gekratzt. Bei den Katzen wird nicht gekratzt, sondern häufig genug gewaschen. Auf den ersten Blick mutet es befremdlich an, wenn sich eine Katze angesichts eines unvermittelt auftauchenden Hundes nicht zwischen Flucht und Angriff entscheiden kann und scheinbar total entrückt und mit

Hingabe ihren Bauch zu lecken beginnt. Letztlich macht – biologisch gesehen – aber auch das Übersprungputzen Sinn: Die Katze nutzt ihre Auszeit, um die Lage einzuschätzen und an einer möglichst wirksamen Strategie zu basteln.

Katzenwäsche ist nicht zuletzt ein wichtiges Kommunikationsmittel. So anspruchsvoll sich soziale Fellpflege anhört, selbst die Katzenbabys wissen schon, was es damit auf sich hat. Zum Kontakt- und Schmuseliegen in der Wurfkiste und später gehört das gegenseitige Putzlecken. Bei erwachsenen Katzen oft auch als Demutsgeste und Praxisbeitrag zur Beschwichtigung des überlegenen Tieres stabilisieren wechselseitige Säuberungsaktionen die Ordnung in einer Katzengesellschaft und sichern das harmonische Miteinander. Übernimmt der Mensch den Fellpflegepart bei seiner Katze, sorgt er so nicht nur für ihre Gesundheit und ihr körperliches Wohlbefinden, sondern stärkt gleichzeitig auch das Band partnerschaftlicher Gemeinsamkeiten. Verpflichtung sollte ihm der tätige Beistand zur Katzenwäsche allemal bei alten, kranken oder trächtigen Katzen sein, die wegen ihrer zeitweise oder auf Dauer nachlassenden Beweglichkeit nicht mehr alle Körperstellen in Eigenleistung säubern können. Dazu gehört speziell der Analbereich. Die regelmäßige Kontrolle der Ohren auf Schmarotzerbefall (Milben) schließlich ist bei allen Hauskatzen ein Muß. Und natürlich auch das Bürsten und Kämmen von Langhaarrassen (Perserkatzen und andere), die mit der Pflege ihres aus züchterischen Idealen geschaffenen Fells schlichtweg überfordert sind. Wer einmal miterleben muß, wie verzweifelt eine alte oder kranke Katze versucht, ihren angeborenen Pflegeaufgaben nachzukommen, wird ihr diese kleinen Hilfen sicher nicht verweigern.

Gesundheitsbarometer: Katzen, die ihre Körperpflege erkennbar vernachlässigen oder sich nicht mehr überall putzen können, sind oft krank oder wegen Übergewicht zu unbeweglich für die nötigen Waschgänge.

Kapitel 19

DAS GLÜCK IST EINE KATZE

Wir haben die Katze entdeckt. Beileibe nicht wirklich. Nicht ihre innere Balance, nicht ihre Selbstgenügsamkeit, nicht ihre Unbestechlichkeit, nicht die stets präsente, aber nie aufdringliche Anmut ihres Körpers, nicht ihre offene Bereitschaft zu geben, nicht ihren nie verschämten oder heimlichen Anspruch zu nehmen. Wir haben die Katze entdeckt, weil Katzen zu entdecken und zu besitzen und sich zu eigen zu machen, uns erhöht, uns gleichsam zu Wissenden werden läßt um die wahre Schönheit und das wahre Wesen der Dinge und des Seins. Und weil wir uns dies alles leisten wollen und müssen in einer Gesellschaft, in der die Leistung voransteht und in der just dieses Leistungsprinzip betont wird durch den Luxus, sich etwas oder jemanden zu leisten, dem gerade das so fremd und gleichzeitig gleichgültig ist wie nur irgendwas. Soll heißen: Katzen haben Konjunktur.

Spricht es nicht für eben diese Katzen, daß ihnen die Mode, die sie machen und die sie mitmachen, nichts, aber auch gar nichts anhaben kann? Daß wir uns die Katzen aneignen oder anzueignen glauben und ganz offensichtlich und tatsächlich angeeignet, manchmal gar nur geduldet werden? Sicher, es gibt sie, die Katzen, die sich der Mensch nach seinem Bilde von der Katze schafft. Die Perserkatze mit dem langen Seidenfell, ganz so wie wir uns ein Fell erträumen, die Siam mit dem schlanken, aristrokratischen Körper, ganz so wie wir uns einen edlen Körper vorstellen, die Nacktkatze, ganz so wie wir demonstrieren können, daß alle Bilder und Abbilder der Tiere um uns allein unseren Stempel tragen. Und sei es, daß wir als letztgültigen Beweis sogar ein Felltier ohne Fell zu züchten in der Lage sind. Wer aber sagt uns, daß die Perserkatze nicht bloß eine völlig normale Katze ist, wenn auch im Langhaar, die Siam eine Wald-und-Wiesen-Mischung, wenn auch mit Edelkörper, die Nackte eine Allerweltshauskatze, die ihren Haarflaum wie einen dichten Pelz trägt?

Katzen sind unveränderlich. Daran hat ihre Entwicklungsgeschichte nicht rütteln können, und der Mensch mit seinen zum Teil sehr eigenwilligen Zuchtidealen schon überhaupt nicht. Selbst die leichtgewichtigste Wildkatze ähnelt fast aufs Haar dem Sibirischen Tiger mit seinen sechs Zentnern Lebendgewicht, die Manx ist trotz ihres fehlenden Schwanzes in Wesen und Körperbau eine Schwester der Ragdoll, der Europäisch Kurzhaar, der Burma, Birma oder Maine Coon, selbst wenn der Rassestandard etwas anderes sagt und die Züchter wohl auch anderer Meinung sind.

Selbstbewußt: Jede Katze hat Persönlichkeit, Charakter und Charme. Und ist sich dessen immer und überall bewußt.

Zufrieden: Wer im Einklang mit sich und der Welt leben will, muß von sich selbst überzeugt sein und sich selbst genügen.

Aufmerksam: Mehr als andere Heimtiere zeichnen sich Katzen durch Neugier und Interesse an ihrer Umgebung aus.

Rasse soll hier nicht interessieren, ob wild oder domestiziert soll hier nicht interessieren, allein was Katzen sind und wie Katzen sind, entscheidet über Nähe, Partnerschaft und Vertrauen. Katzen lassen nicht gleichgültig wie andere Heimtiere. Zum Chinchilla, zum Zwergkaninchen, zum Sittich, ja selbst zu einem Hund kommen viele Zeitgenossen ganz ohne Beziehung aus, weil ihnen Tiere nichts bedeuten. Bei Katzen gibt es keine Ambivalenz, da ist man Katzenhasser oder man ist Katzenliebhaber und nichts lau oder flau dazwischen. Vielleicht liegen der Reiz und das Aufreizende in ihrer Sanftmut, vielleicht im Widerspruch von kindlichem Kätzchenleben im Haus und selbstbewußter Jägerin draußen, vielleicht in dem Rätselhaften, das sie trotz ihres pedantisch-festgefügten Alltags umgibt. Vielleicht in der schillernden Faszination des Verlockens oder des vordergründig Launenhaften oder des vermeintlich Weiblich-Unberechenbaren oder des Erotischen oder des Leichtlebigen. Oder, und vieles mehr.

Was Katzen können, kann beschrieben werden. Was Katzen mögen auch. Was Katzen sind, viel weniger. Weil Katzen nicht für die Summe stehen von Körperlichkeiten und Fähigkeiten, so wie Belebtes sich nicht addieren läßt aus Chemie und Physik, aus Zeichen und Vorzeichen von Regelkreisen. Katzen sind selbstzufrieden und selbstgenügsam. Sie sind sich ihrer inneren Kraft bewußt, das bekundet jede ihrer Bewegungen, das demonstriert uns ihre Unbestechlichkeit Tag für Tag. Und doch können sie gleichzeitig voller Eifersucht sein. Eifersüchtig auf bevorzugte Artgenossen, auf Menschen, die ihnen die Mitte streitig machen. Das nimmt ihrer Selbstzufriedenheit augenscheinlich nichts, aber es fügt unserem Bild der Katze neue Perspektiven und neue Bezugspunkte hinzu. In sich ruhen und doch auch krank vor Eifersucht, unbestechlich und

Die Gesichter der Hauskatze: eigenwillig und doch aufgeschlossen, zurückhaltend und doch fordernd.

doch auch bettelnd, voller Dankbarkeit und Hingabe und doch auch spröde, abweisend und unnahbar. Alles zusammen eben Katze.

Katzen nehmen an unserem Leben teil und leben doch ihr Leben. Sie zeigen uns, wie man dazugehört, teilnimmt, ohne sich zu vergeben oder gar aufzugeben. Sie stehen für eine Beständigkeit über den Tag hinaus, weil ihr Maß auch im Miteinander mit uns immer ihr Maß bleibt. Der Hund wird eins mit seiner Familie, Mitglied, Mitmacher, Freund in der Freude und im Leiden. Natürlich trösten Katzen auch. Aber distanzierter, fast objektiver und so vielleicht verläßlicher und beständiger. Der Hund läuft hinterdrein auf unserem Weg. Und läuft er vorneweg, dann läuft er unseren Weg voraus. Abweichen steht ihm nicht im Sinn, weil Abweichen nicht nach Herrchens Wohlgefallen ist. Katzen weichen immer und überall ab. Sie gehen nicht neue, aber ihre Wege. Und verlassen uns trotzdem nicht. Sondern spornen unsere Neugier, Tatkraft und Phantasie an und treffen sich wieder mit uns an eben jenen Wegkreuzungen der Neugier und Phantasie. Über Katzen kann man lachen und darf man lachen. Katzen nehmen es nicht krumm wie Hunde. Die sich gedemütigt fühlen, weil sie doch sehr ernsthaft nur ihrem Herrn gefallen und nicht ausgelacht werden wollen, was all ihre Anstrengung in Frage stellt. Katzen lassen sich nicht abweisen. Obschon sie schroffe Ablehnung beleidigt. Und dennoch kommen sie wieder, wiederholen ihre Forderung. Und maunzen und klagen und wehklagen und maunzen. Bis wir nachgeben. Wir können sie dabei beobachten: wie sie unsere Zeit in Anspruch nehmen, weggedrängt werden und uns schmollend den Rücken zuwenden. Und doch wieder da sind. Wir finden trotz allem keine Erklärung, wie sie eben noch beleidigt sind und dann schon

Ruhen heißt auch In-sich-Ruhen: Katzen denken positiv, sie agieren selbstverständlich, ohne Skrupel und lassen dabei weder Mensch noch Mitkatze im unklaren über ihre Absichten.

wieder maßlos fordernd. Wir würden uns etwas vergeben, vielleicht sogar das Gesicht verlieren dabei. Eine Katze vergibt sich nie etwas und nichts. Weil sie frei ist von Zweifel.

Dies alles ist ungeordnet und unordentlich. Nicht weil Katzen keine Ordnung hielten. Das tun sie, ganz gewiß. Aber weil sie uns in unserer Beziehung zu ihnen alle Türen offen und alle Räume begehbar lassen, die wir öffnen und begehen wollen. Katzen sind sehr gegenwärtig und nie beiläufig präsent, und doch geben sie unserer Phantasie die freien Räume, die sie braucht, um Sehnsüchte von Zärtlichkeit, Geborgenheit, von Wärme, Kraft und Wildheit, von unverhohlener Lust, von Offenheit und Ansprüchen zu erleben. Die Nähe von Katzen weckt nicht nur das Gute, Sanfte, Mildtätige und Verstehende im Menschen, sie führt uns auch zu versteckten Ängsten und vergrabenen Begierden. Was wir mit und durch die Katze sehen, die mit uns lebt, ist der Mensch, der in uns lebt, der wir sein möchten, der wir werden könnten, der wir vielleicht schon sind, ohne daß wir es wissen. Die Katze ist des Menschen Freund, weil er sich selbst in ihr entdeckt.

Menschen, die mit Katzen leben, sind gesünder oder gesunden schneller, sind aufgeschlossener, lebensbejahender, ausgeglichener, zufriedener: der Mensch, der sich in der Katze selbst entdeckt. Daß die Medizin es jetzt beschreiben kann, wenn auch mit anderen Worten, soll nicht unerwähnt bleiben: Stete Partnerschaft zur Katze hilft den Blutdruck senken, beruhigt stolpernde Herzen, schwächt Depressionen ab, beschleunigt die Genesung (siehe auch Kapitel 15). Dort, wo wieder Lebensmut nötig ist und Hoffnung gegeben werden soll, sind Katzen die idealen Partner. Und nicht nur dort.

Ist Schwarz mehr als nur eine Farbe des Fells? Zumindest kontrovers diskutiert wird die These einer Beziehung zwischen Fellfarbe und Charaktereigenschaften bei der Hauskatze.

Kapitel 20

DIE TAUSEND GESICHTER DES KATZENSCHLAFS

Das Nachmittagsnickerchen ist die wahre Wonne. Eine Morgensiesta verachtet man natürlich auch nicht. Und daß der Schlaf vor Mitternacht besonders erquickt, versteht sich von selbst. Eigentlich sollte man Katzen in Sachen Schlafgewohnheiten gar nicht erst interviewen. Sie sind voreingenommen. Katzen verschlafen und verdösen schlichtweg zwei Drittel ihres Lebens. Eher mehr. Zum Vergleich: Der Mensch schafft es selbst als ausgefuchster und unerschütterlicher Langschläfer und in himmlisch-sanfter Bettstatt kaum, mehr als 40 Prozent seines Erdenwegs mit geschlossenen Augen zurückzulegen.

Nun ist Katzenschlaf aber auch nicht gleich Menschenschlaf: Wir mögen's gern geregelt. Am liebsten nachts, am liebsten in einem Rutsch, am liebsten sieben bis acht Stunden ohne Wachphasen und Störungen. Den unbekümmerten Traumland-Luxus des Menschen kann sich kein Wildtier gestatten. Selbst ein vormaliges wie die in mancher Hinsicht auf den Menschen gekommene Katze nicht. Sorgloser Schlaf birgt verständlicherweise hohe Risiken. Ganz bestimmt jedenfalls für Tierarten mit vielen Feinden. Aber auch bei den Jägern wie unserer Katze gehören lange Tiefschlafphasen nicht zum Verhaltensinventar. Langer Schlaf ja! Aber bitte schön vorwiegend der leichteren Art: Von ihren 16 Siesta-Stunden des Tages (nur das Opossum mit 18 und die Fledermaus mit 20 Stunden schlafen mehr) zählen bei den Katzen 70 Prozent zum Leichtschlaf mit seinen unterschiedlichen Varianten, nur 30 Prozent gehören in den echten Tief- und Traumschlafbereich. Warum sich gerade die Katze als Superlangschläferin entpuppt, läßt sich nur vermuten. 1. Hypothese: Als Jägerin verbraucht sie bei der täglichen Frischfleischpirsch jede Menge Energie und steht unter extremer Hochspannung (die erst im Spiel mit der Beute abgebaut werden kann). Verständlich, daß sie viel Zeit und Schlaf investieren muß, um ihre erschöpften »Hochleistungsakkus« aufzufüllen und die Energiebilanz auszugleichen. Ein ererbter Funktionszusammenhang, der sich auch beim Haustiger nahezu unverfälscht erhalten hat, obwohl der höchstens noch die wildverwegene Jagd aufs Fertigfutter inszeniert. 2. Hypothese: Katzen sind bei der Suche nach versteckten und vor möglichen Nachstellungen sicheren Schlafplätzen so finderisch, daß sie sich sorglose Nickerchen ohne Skrupel leisten können.

Nicht allein Schlafdauer und -tiefe, sondern vor allem Ablauf und Sequenz des Schlafes sind bei den Katzenartigen (die großen Wilden

Die Schönheit der Schläfrigkeit: Katzen sind notorische Viel- und Langschläfer. 16 bis 18 Schlaf-, Döse- und Siesta-Stunden täglich sind durchaus Standard. Damit sind sie in ihrer Paradedisziplin rekordverdächtig fürs ganze Tierreich.
Darüber hinaus zeichnen sich schlafende Katzen durch die erstaunliche Fähigkeit aus, bei ungewohnten Geräuschen in Sekundenbruchteilen hellwach und reaktionsbereit zu sein.

von Löwe bis Tiger halten's kaum anders als Mieze Maunz) besonders. Beim Dösen und im leichten Schlaf ist eine Katze immer noch in Alarmbereitschaft, steht ihre Muskulatur unter Spannung, bleibt sie gleichermaßen auf dem Sprung. Allzeit bereit zur sekundenschnellen Rückkehr aus dem Dämmerland ins Hellwache. Selbst wenn man bis aufs unablässige Spiel der Ohrmuscheln kaum eine Körperbewegung registrieren kann. Das geringste ungewohnte Geräusch, ein besonderer, verführerischer Geruch, die Stimme des Besitzers – und unsere Katze ist putzmunter auf dem Posten. Wie man bei einem äußerlich völlig ruhigen, teilnahmslos daliegenden Tier aufs innere Bereitsein und stete Mithören schließen kann? Ganz einfach: Exakt wie bei uns Menschen, wenn der Neurologe die Hirnströme als Elektroencephalogramm (EEG) aufzeichnet. Die Elektroden des Encephalographen werden (völlig schmerzfrei!) an der Kopfhaut angebracht und leiten die Nervenzellenimpulse, Indizien der Gehirnaktivität, an ein Aufzeichnungsgerät weiter. Beim EEG wacher Katzen stehen die Zacken der Hirnstromkurve dicht an dicht, im Leichtschlaf hingegen werden ausschließlich lange, ungleichmäßige Wellen protokolliert. In Abständen von 15 bis 30 Minuten verändert sich das Katzenschlaf-EEG: Die Zackenlinien werden kleiner und enger, der Experte erkennt das typische Hirnstrommuster des Tiefschlafs. Jetzt sind sämtliche Muskeln der Katze entspannt, sie reagiert kaum mehr bzw. extrem verlangsamt auf äußere Störreize. Länger als fünf bis sechs Minuten dauern Tiefschlafphasen allerdings nicht, dann gehen sie allmählich wieder in einen leichteren Schlaf über. Wie beim Menschen heißt Tiefschlaf bei Katzen auch REM-Schlaf. REM steht für »rapid eye movements« (»schnelle Augenbewegungen«). Das Zucken der Augäpfel kann man hinter den fast oder

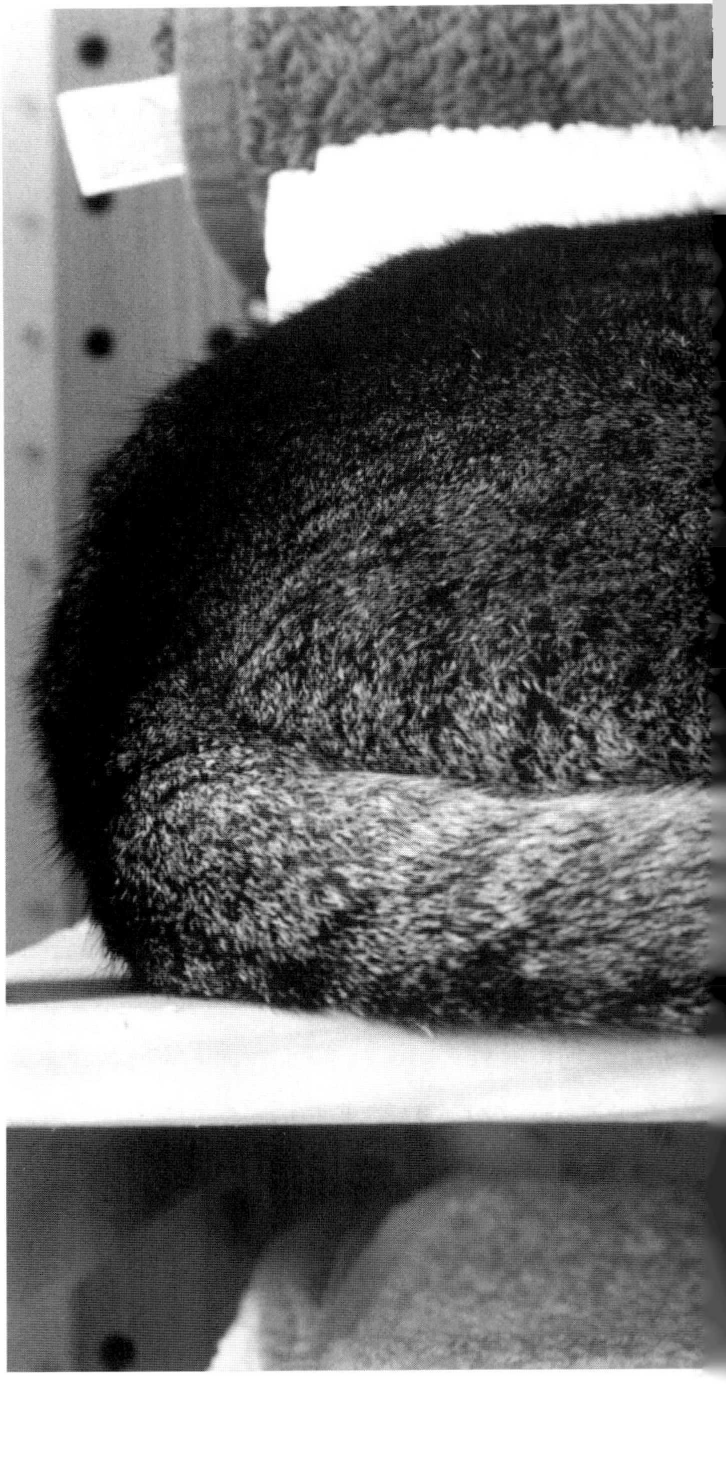

Wärmepackung: Das Einrollen des Körpers speichert Wärme und schützt empfindliche Körperstellen vor dem Auskühlen.

tatsächlich völlig geschlossenen Lidern eines Schläfers auch ohne technische Hilfsmittel beobachten. Von Versuchspersonen, die in diesen Schlafabschnitten geweckt wurden, weiß man, daß im REM-Stadium ausgiebig geträumt wird. Ob und was Katzen träumen, läßt sich nur vermuten. Die oft gleichzeitig zuckenden Pfoten, die heftig schlagende Schwanzspitze, die schnellen, »schnatternden« Kieferbewegungen oder die dezenten Maunzer sprechen allerdings dafür, daß Katzen im Tiefschlaf ähnlich wie wir den Alltag verarbeiten. Nur heißt Alltag bei ihnen zwangsläufig Mäusejagd im Hinterhof, Begegnung mit Nachbars unfreundlichem Hundetier oder strapaziöses Liebeswerben um die schöne, leider abweisende Katzendame vom Balkon im dritten Stock. Generell ist die Länge des REM-Schlafs, so die Schlafforscher übereinstimmend, ein Indiz für die Höherentwicklung des Gehirns. Fische und Reptilien: Fehlanzeige. Vögel: REM-Phasenlänge ca. 60 Sekunden, Ratten: 30 Minuten. Mensch: bis zu zwei Traumstunden pro Nacht. Katzen: maximal drei Stunden! Einer von ihren vielen Pluspunkten beim Streit um die Krone der Schöpfung? Wenn Katzen älter werden, nimmt die Länge der Tiefschlafphasen zu, und auch die zuckenden Bewegungen beim Träumen verstärken sich oft auffallend. Kätzchen während der ersten Lebenswochen weichen im Schlafverhalten deutlich von ihrer älteren Verwandtschaft ab: Sie sind entweder wach oder liegen im Tiefschlaf. Leichtschlafperioden gibt es bei ihnen noch nicht.

Falls nicht gerade blitzschnelles Aufwachen und Handeln gefordert ist (etwa wenn die verhaßte Katerkonkurrenz den heiligen Schlaf stört), lassen sich Katzen mit dem Wachwerden

Eigenleben: Und über allem wachen die Ohren…
Unabhängig von der Tiefe des Schlafs sind Katzenohren immer aktiv und melden jedes auffällige Geräusch.

Zeit. Kreislaufanregende Streck- und Dehnübungen gehören allemal dazu: Vorderpfoten weit voraus, Vorderkörper abducken, Katzenbuckel machen, Hinterbeine kräftig wegstrecken. Fast sieht es so aus, als hätten die Katzen das isometrische Training lange vor uns für sich entdeckt. Anschließend wird – Reinlichkeit ist Katzensache – das vom Liegen zerzauste Fellkleid geglättet und saubergeleckt.

Beim Schlafrhythmus zeigen sich Katzen flexibel und anpassungsfähig. Das gilt vor allem für all die Hauskatzen, die enge Bande zu einem Menschen geknüpft haben. Führt der ein geregeltes Tag- und Nachtleben mit den gängigen Schlafzeiten, stellt sich seine ursprünglich und eigentlich dämmerungs- und nachtaktive Partnerin bald aufs hausinterne Aktivitätsmuster um. Und verschläft bereitwillig die halbe oder ganze Nacht. Um beim gemeinsamen Frühstück oder bei Herrchens abendlicher Heimkehr ausgeschlafen, hellwach und schmuseaktiv zu sein. Bei der Wahl ihrer Schlafplätze sind Katzen hingegen immer für Überraschungen gut: Der wunderschöne Katzenkorb und die liebevoll plazierte Schmusedecke bleiben nicht selten unbeachtet. Dafür schläft manche Katze freiwillig und regelmäßig auf einem harten, nach menschlichem Dafürhalten völlig unbequemen Brett oder gar auf den Rippen des Heizkörpers. Präferenzplätze erster Wahl: möglichst hoch über dem Boden. Dort fühlt man sich sicher, von dort oben bekommt man alles mit, was rundum passiert – vorausgesetzt, man gibt sich nicht gerade einem Nickerchen hin. Aber selbst dann – siehe oben – ist eine Katze meist ganz Ohr. Und spätestens beim Klappern der Futterschüssel – haste nicht gesehen – hellwach.

Träumen Katzen von Mäusen? Nicht unwahrscheinlich: Man weiß, daß Katzen Traumphasen haben. Da hier meist Tagesaktualitäten verarbeitet werden, ist die Traummaus durchaus vorstellbar.

Kapitel 21

UND TROTZDEM BLEIBT DIE SPHINX...

Die Rätsel, die sie aufgibt, bereiten nur uns Kopfzerbrechen, die Widersprüchlichkeiten, die sie lebt, erscheinen nur uns widersprüchlich. Selbstbewußt und ohne falsche Scham vereinbart sie das Unvereinbare: den ererbten Drang zur Unabhängigkeit mit der Sehnsucht nach Nähe und Zuwendung. Die unzähligen Facetten ihrer Persönlichkeit fügen sich immer und immer wieder zu einem einzigen Bild: Die Katze ist sich treu in ihrem Wesen. Die Selbstverständlichkeit der Ansprüche, die Leichtigkeit des Lebens, Unbestechlichkeit und Verläßlichkeit, Charme und Charakter – die Faszination, die Katzen auf uns ausüben, hat viele Formen und Namen. Und wird stets aufs neue belebt von Fragen, auf die wir keine Antworten wissen. Fragen, die unsere Neugier wecken, die unsere Phantasie beflügeln und statt Antworten nicht selten neue Fragen aufwerfen.

Fragen über Katzen gibt es genug. Einfache Fragen, die auf einfache Antworten hoffen lassen, und schwierige Fragen zu schwierigen, unüberschaubaren Themen, die sich mit pauschaler Gegenrede nicht zufriedengeben. Dort, wo Antworten diskutiert werden, sind es meist Bruchstücke, Puzzleteile, Fragmente, die alleine die Rätsel nicht lösen können und hinreichend Raum lassen für die Sphinx, die – unverrückbar und unnahbar – für ewig in Stein gehauen scheint. Und es darf gemutmaßt werden, daß selbst wenn alle Rätsel um die Hauskatze gelöst wären, die Sphinx ihre Geheimnisse dennoch nicht preisgibt. Doch Rätsel um die Hauskatze gibt es zur Genüge. Wie auf einer Expedition in fremde Länder verschieben sich beim Näherkommen die Maßstäbe (nicht nur die auf der Oberfläche), vieles lernen wir verstehen und schätzen und stehen doch unversehens wieder vor neuen, unbekannten Details und müssen erkennen, daß hinter den neuen Details wieder neue warten und neue Überraschungen und neue Fragen. So bleibt die Hauskatze trotz ihrer millionenfachen Leibhaftigkeit, trotz ihrer unübersehbaren Präsenz in der Partnerschaft zum Menschen auch für die Wissenschaftler, für die Verhaltensforscher, Physiologen, Genetiker, Soziobiologen und selbst für die Parapsychologen eine nahezu unveränderliche und unveränderlich wertvolle Bezugsgröße ihrer Forschungsarbeit.

Fallbeispiel Farbensehen: Lange glaubte man, daß Katzen überhaupt keine Farben voneinander unterscheiden können, sondern farbige Objekte ausschließlich nach deren Helligkeitsstufen als Grauwerte erkennen. Mainzer

Das Geheimnisvolle bleibt:
Wir freunden uns mit ihr
zunehmend mehr an,
wir kennen viele ihrer
typischen Verhaltensmuster
und Lebensansprüche,
und doch können wir das
Wesen und die
Ausstrahlung einer Katze
nur erleben und nicht
beschreiben.
Die Sphinx wird ihre
Faszination nicht verlieren.

Zoologen haben die Annahme widerlegt: In über 2 000 Versuchen mußten Katzen zwischen Gelb und Blau wählen, um an ihr Futter zu kommen. In mehr als 95 Prozent wurde Blau als richtige Farbe gewählt. Die hohe Trefferquote änderte sich auch bei unterschiedlichen Beleuchtungsintensitäten nicht. Vergleichbar mit unserer bunten Welt ist das Farbensehen bei Katzen allerdings nicht. Die Trennung von Grün, Gelb und Weiß scheint ihnen kaum zu gelingen, bei Rot und Blau braucht es seine Zeit, wobei Rot offensichtlich als Grauwert eingestuft wird. Gestützt werden diese Ergebnisse vom niedrigen Anteil an (für die Farberkennung verantwortlichen) Zäpfchen-Sehzellen in der Retina des Auges. Das gilt jedenfalls für erwachsene Katzen. Katzenkinder kommen nämlich mit einer wesentlich besseren Ausstattung zur Farbdifferenzierung auf die Welt, eine Veranlagung, die sich aber schon bald zurückbildet. Durchaus verständlich, daß bei einem Tier, dessen Hauptaktivitäten in der Dämmerung oder gar in der Dunkelheit liegen, Farben keine zentrale Rolle spielen. Wer wissen möchte, welche Farben seine Katze am besten erkennt, unterzieht sie einem einfachen Test: Zwei Pappscheiben von gleicher Form und Größe, aber unterschiedlicher Farbe hängen an einem Bindfaden von der Tischkante herab (Höhe über dem Boden ca. 15 cm). Achten Sie bitte auf gleiche Helligkeit beider Farben. Schwingen Sie einen der Kartons so lange hin und her, bis die Katze spielerisch mit der Pfote danach schlägt. Dafür wird sie mit einem Leckerbissen belohnt. Mehrfach wiederholen, bis die Katze Farbkarton und Belohnung verknüpft. Wechseln Sie danach in unregelmäßigen Abständen die Kartons, damit Ihre Testpartnerin nicht zwischen rechts und links statt zwischen den Farben zu unterscheiden lernt.

Wer glaubt, daß mit der Farbenerforschung zumindest die offenen Fragen rund ums

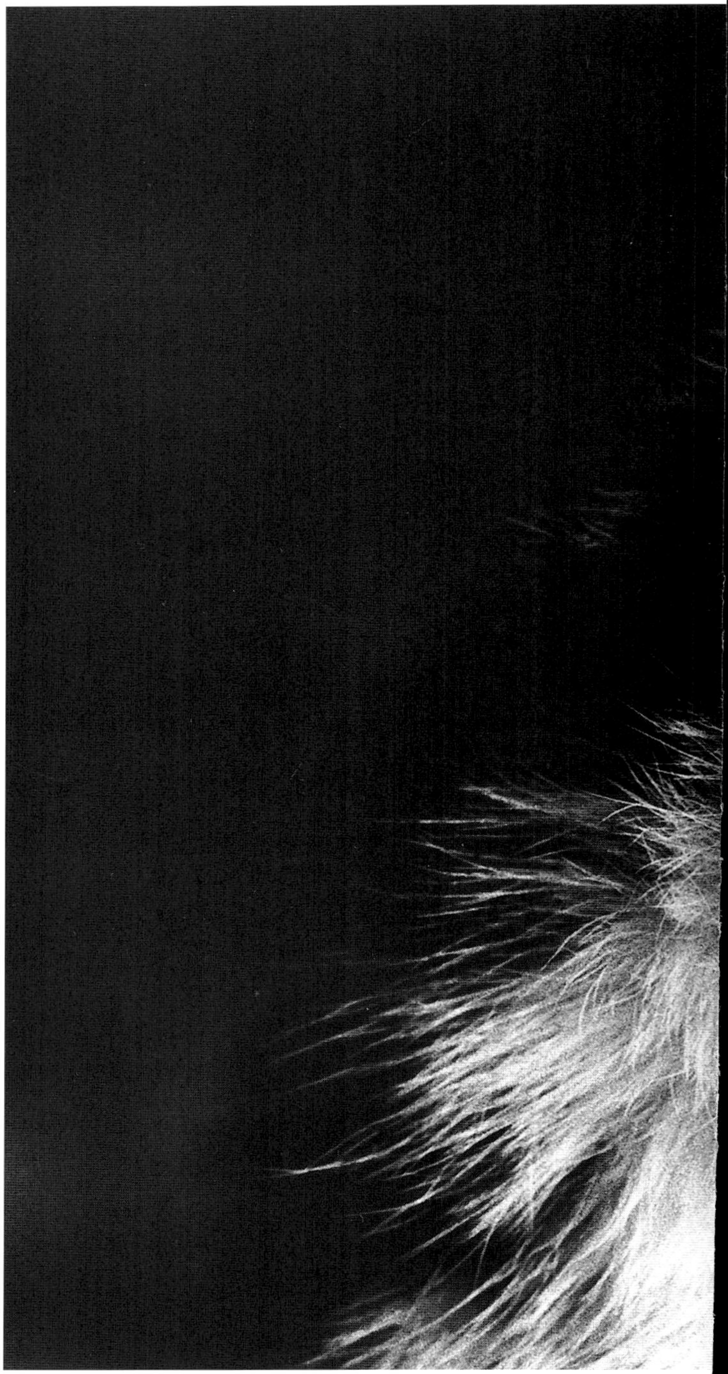

Unbekannte Hauskatze: die zärtliche Partnerin des Menschen und das Wildtier mit den tausend Gesichtern.

Katzenauge gelöst sind, irrt. Man hat inzwischen nachgewiesen, daß bestimmte Nervenzellen im Abschnitt des Katzenhirns, der eigentlich optische Informationen verarbeitet, auch auf akustische Reize reagieren. Vereinfacht formuliert heißt das: Katzen können mit den Augen hören. Warum das so ist, darüber weiß man ebensowenig wie über die Tatsache, daß manche Katzen völlig verrückt nach Katzenminze sind, andere jedoch absolut cool bleiben. Hingebungsvolles Schnuppern, Köpfchengeben, Flankenreiben, Wälzen und vor allem Flehmen (der Duftstoff wird mit leicht geöffnetem Mund »geschmeckt«) gehören zum Verhaltenszyklus von Katzen, die auf das in Stiel und Blättern der Minze enthaltene Öl (ähnlich wirkt Baldrian) euphorisch reagieren. Der Rauschzustand stellt sich jedoch bei nur etwa der Hälfte aller Katzen ein, und es spricht manches dafür, daß die Minzesucht angeboren ist.

Fallbeispiel Händigkeit: Menschen, die Linkshänder sind, beschreibt man im Vergleich mit Rechtshändern als gefühlvoller, kreativer, gleichzeitig aber auch als weniger tatkräftig und weniger logisch. Völlig von der Hand weisen sollte man solche Eigenschaftszuordnungen nicht: Die rechte Hirnhälfte (sie ist mit der linken Hirnseite über Kreuz verbunden und steuert die linke Körperseite) ist für unsere Phantasien, Träume und für schöpferische Leistungen zuständig. Bei den Hauskatzen haben die Physiologen inzwischen eine eindeutige Bevorzugung der linken Pfote festgestellt. Was letztlich auch die Diskussionen über unerklärliche, scheinbar übersinnliche Wahrnehmungen und Fähigkeiten der Katze beleben könnte. Gelten Linkshänder schließlich doch nicht nur als phantasiebegabt und besonders feinfühlig, sondern auch als besonders empfänglich für Vorahnungen und Stimmungsänderungen.

Fallbeispiel Duftsprache: Wenn Kater markieren, registriert selbst die wenig sensible menschliche Nase, daß hier mit Duftstoffen Informationen an die Artgenossen weitergegeben werden. Auch wenn wir das nur als höchst unangenehm empfinden. Wie die Körpersprache gehört die Duftsprache zu den »wortlosen« Kommunikationsmöglichkeiten der Katzen und bleibt uns – die wir uns in erster Linie per Lautsprache verständigen – in vielerlei Hinsicht fremd. Vor allem dann, wenn wir die Gerüche überhaupt nicht wahrnehmen, was für die meisten Duftbotschaften gilt. Allein die Tatsache, daß der Katzenkörper reichlich mit speziellen Duftdrüsen ausgestattet ist, spricht für den Stellenwert der Duftsprache. Derartige Drüsen sitzen im Wangen- und Lippenbereich, an Unterkiefer und After, aber auch an den Pfotenballen. Bei jedem Körperkontakt, bei jedem Köpfchengeben und sogar bei jedem Pfotenaufsetzen gibt die Katze folglich Duftstoffe ab, Informationen, deren Bedeutung wir gerade erst zu entschlüsseln beginnen.

Fallbeispiel Bruderschaft der Kater: Es klingt ein bißchen nach Geheimbund und heimlichen Versammlungen. Und das ist auch gar nicht aus der Luft gegriffen: Die Bruderschaft der Kater ist so etwas wie die unbekannte Größe im Sozialleben der Hauskatze (von dem ja viele Menschen immer noch annehmen, daß es für die einzelgängerischen Tiere höchstens während der Paarung existiert). Offensichtlich gibt es ihn doch, den lockeren Bund von freilebenden Katern, die bei regelmäßigen Treffen ihren Gemeinsinn stärken und gemeinsam auch fremder Konkurrenz den Kampf ansagen. Und wie in einem Geheimbund muß sich ein neues Mitglied zuerst (in Katerkämpfen) bewähren, bevor es akzeptiert wird. Die Bruderschaft basiert auf frei gewählter Gemeinschaft und unterscheidet sich daher deutlich von Katzenansammlungen in Gegenden mit großen Populationen, wo die Tiere sich zwangsläufig gegenseitig dulden müssen, dabei aber meist kein kooperatives, sondern lediglich neutrales Verhalten zueinander zeigen.

Die Fallbeispiele lassen sich fortsetzen: Von der oft und glaubwürdig bekundeten heilenden Wirkung, die die Gegenwart von Katzen auf kranke oder verhaltensgestörte Menschen, aber auch auf Tiere hat (deutlich stärker als etwa durch Hunde), vom überaus komplex strukturierten Sozialleben, von den erstaunlichen Gedächtnis- und Lernleistungen bis hin zu angeblich übersinnlichen Phänomenen wie extremer Wetterfühligkeit, Vorausahnen von Naturkatastrophen oder dem verblüffenden Orientierungsvermögen. Unübersehbar auch hier die großen individuellen Unterschiede der Katzen: So einheitlich ihr äußeres Erscheinungsbild, so breit gefächert und nicht selten grundverschieden sind Leistungs- und Lernvermögen, soziale Ansprüche und nicht zuletzt die Beziehungsformen zum Partner Mensch. Mit ein Grund dafür, daß die Katze für uns auch zukünftig das unbekannte Wesen bleiben wird. Und mit ein Grund dafür, daß die Faszination, die sie auf uns ausübt, nie zum Erliegen kommen wird.

Gerd Ludwig / Mimi Vang Olsen
Das Alphabet der Katzen
ISBN 3-89136-512-8

»Von Meisterhand gemalt: Katzenbilder, mit denen Mimi Vang Olsen ein Buch des Zoologen Gerd Ludwig illustrierte.«
Frau im Spiegel

Thomas Wester
Katzen
Mit einem Vorwort von Doris Lessing
ISBN 3-89136-122-X

»Fotobücher über Katzen gibt es eine ganze Menge. Was Thomas Westers Buch hervorhebt ist, daß er die Vierbeiner nicht verniedlicht oder gar vermenschlicht. Seine Katzen sind unterwegs, streunen, spielen, jagen, schlafen. ›Dieses Buch ist ganz einfach das beste Fotobuch über Katzen, das es gibt‹, urteilt Doris Lessing.«
Gersthofer StadtZeitung

Detlef Kauffmann / Christian Kühl
Die Tiersprechstunde
Der Ratgeber für Katzenfreunde
ISBN 3-89136-510-1

»Tiersprechstunde einmal ganz anders. Mit ihren Katzen-Stories wollen die Autoren die Angst vor den Krankheiten nehmen. Ergänzt wird der Ratgeber durch eine Checkliste für den Tierarzt-Besuch, ausführliche Beschreibungen der häufigsten Katzenleiden, Tips für die Erste Hilfe und viele andere Anregungen.«
Ärzte Zeitung

RASCH UND RÖHRING VERLAG

RRV ▶ DIE WELT DER TIERE

Carl-Albrecht von Treuenfels
Unter Pandas und Pinguinen
Reportagen aus der bedrohten Natur
ISBN 3-89136-511-X

»Treuenfels ist ein genauer Beobachter und unterhaltsamer Erzähler. Er versteht es, an seiner Begeisterung bei der Naturbeobachtung den Leser teilhaben zu lassen... Viele der Fotografien in diesem Band kann man nur meisterhaft nennen.«
Frankfurter Allgemeine Zeitung

Wally und Horst Hagen
Das Buch der Löwen
ISBN 3-89136-461-X

»Morphologie und Sozialleben, Jagdmethoden und Verständigung, Fortpflanzung und Jungenaufzucht – nichts fehlt in diesem Werk. Über die ausgezeichneten Fotos (sämtlich von den Verfassern) freut man sich ganz besonders.«
kosmos

Karl Kock
Elefanten – Mein Leben
Aufgezeichnet von Burghard Bartos
ISBN 3-89136-498-9

»In seinem Buch ›Elefanten – Mein Leben‹ erzählt er seine Erlebnisse und Erfahrungen aus vier Jahrzehnten mit den tonnenschweren Dickhäutern.«
Hamburger Abendblatt

RASCH UND RÖHRING VERLAG